생활 속의 그린테리어

한눈에 보는 식물 고르기, 꾸미기, 키우기

생활 속의 그린테리어

야스모토 사치에 지음

심수정 옮김

시그마북스
Sigma Books

생활 속의 그린테리어

발행일 2022년 6월 10일 초판 1쇄 발행
지은이 야스모토 사치에
옮긴이 심수정
발행인 강학경
발행처 시그마북스
마케팅 정제용
에디터 최윤정, 최연정
디자인 김문배, 강경희

등록번호 제10-965호
주소 서울특별시 영등포구 양평로 22길 21 선유도코오롱디지털타워 A402호
전자우편 sigmabooks@spress.co.kr
홈페이지 http://www.sigmabooks.co.kr
전화 (02) 2062-5288~9
팩시밀리 (02) 323-4197
ISBN 979-11-6862-043-8 (13520)

파본은 구매하신 서점에서 교환해드립니다.

* 시그마북스는 ㈜ 시그마프레스의 단행본 브랜드입니다.

Contents 차례

Chapter 2

분위기가 부드럽고 편안한 식물들

Chapter 3

잎과 줄기를 우아하게 늘어뜨리는 식물들

Chapter 4

독특하고 개성이 넘치는 식물들

Index

Introduction 책을 열며

'실내용 식물'이라고도 불리는 관엽 식물 중 대부분은 열대나 아열대 지방에서 나고 자라 굉장히 튼튼하고 잘 큽니다. 우리나라처럼 사계절이 뚜렷한 곳에서도 온도와 습도만 잘 관리해주면 어렵지 않게 기를 수 있답니다. 실내를 꾸밀 때 가구를 놓고 커튼을 달듯, 근사한 식물을 두면 아름답고 생기 넘기는 초록빛 공간이 완성되죠.

실내 구조와 환경에 맞추어 품종, 크기, 수형(나무 모양), 화분 등을 고르고 식물이 멋지게 보이면서 잘 자랄 수 있는 자리를 찾는 일도 아주 즐겁습니다. 새싹이 나거나 꽃이 피는 모습에서 소소한 행복을 느낄 때도 있고요.

가끔 이런 질문을 받을 때가 있습니다. "우리 집에서 식물이 잘 자라 줄까요?", "실내용 식물인데 밖에서 키워도 되나요?". 여러분도 아시다시피 식물은 본디 열대, 온대, 정글, 사막 등 '자연'에서 살아가는 존재입니다. 따라서 식물이 원래 살던 자생지와 환경을 최대한 비슷하게 맞추어주면 좋겠죠. 일조량, 기온, 통풍은 적절한지, 비나 이슬을 대신할 만큼 물을 충분히 주면서 잎에 물도 뿌려주고 있는지를 확인해보세요. 실내 식물을 돌보는 기본 방법은 뜰, 베란다, 방안 등 어디에서 키우든 크게 다르지 않아요. 한 공간에서 함께 시간을 보내다보면 조금씩 경험이 쌓이면서 예측도 할 수 있게 되고, 식물의 변화를 금세 알아차릴 수 있게 된답니다.

이 책에는 이제부터 실내 식물 키우기에 도전하려는 초보자와 슬슬 여러 종류를 키워보려는 전문가까지, 식물을 아끼는 모든 분에게 소개하고 싶은 인기 품종을 세심하게 골라 두었습니다. 지금까지의 지식과 경험을 바탕으로 쓴 식물 꾸미는 법과 키우는 법도 함께 실려 있고요. 독자 여러분의 '식물과 함께하는 즐거운 생활'에 아무쪼록 제 책이 작은 보탬이 될 수 있기를 바랍니다.

야스모토 사치에

실내 식물과 함께하는 타입별 방법

실내에서 키우는 식물에는 어떤 종류가 있을까요? 또 여러분의 취향인 식물은 어떤 식물이고 어디에 두고 싶은가요? 식물을 기르는 사람은 크게 다음 세 타입으로 나뉜다고 합니다. 실내용 식물 가게를 찾기에 앞서 나는 무슨 타입이고, 어떤 부분을 주의해야 하는지 꼭 확인해보세요. 고르기, 꾸미기, 키우기 중 어느 하나에 치우치면 좋지 않다는 점도 기억해주시고요. 타입별 방법을 고려하면서 데려온 식물은 금세 여러분의 소중한 식구가 되어 오래오래 함께해줄 겁니다.

고르기

"내 마음에 들어야 해!"

취향에 맞는 생김새를 우선하는 타입

식물은 품종에 따라 잎의 모양과 색이 다르며 수형, 형태, 크기에 따라서도 인상이 많이 달라집니다. 가게에서 마음에 쏙 드는 식물을 찾아 데려올 때는 즐겁지만, 미리 자리를 마련해두지 않으면 어수선하게 화분 개수만 늘어나 속상할지도 몰라요. 화분을 둘 장소, 꾸밀 방법, 생육 환경을 고려하면서 식물을 고른다면 반려 식물과 함께 하는 삶이 훨씬 즐거워진답니다.

꾸미기

"방 여기쯤에 두어야지."

둘 장소를 우선하는 타입

무미건조한 방을 산뜻하게 바꾸고 싶은가요? 숲속처럼 저절로 힐링이 되는 공간으로 만들고 싶다면 식물로 꾸며보세요. 활기가 가득해질 뿐 아니라 분위기도 자유롭게 연출할 수 있답니다. 하지만 빛을 듬뿍 받아야 하는 식물이 자칫 그늘에 놓여 탈이 나기도 하니 어떤 자리만을 지나치게 고집하는 것은 좋지 않아요. 생육 환경과 특성을 잘 알아본 뒤에 자리를 정해야 식물이 무럭무럭 자랄 수 있어요.

키우기

"집안에서 한번 키워볼까?"

기르고 돌보기를 우선하는 타입

식물을 키울 때는 물 주기를 비롯해 평소에 부지런히 관리해야 합니다. 가지가 자라고 새잎이 나오는 등 나날이 생김새가 달라져 가는 모습을 볼 수 있어요. 이런 변화를 세심하게 살피다보면 식물 키우기가 더욱더 즐거워집니다. '생육 환경'만을 고려해 식물을 고른다면 식물에는 좋겠지만, 괜히 죽이면 안 된다는 마음에 정말 끌리는 식물을 못 고르거나 원하는 장소에 못 둘 수도 있어요. 먼저 꾸미고 싶은 곳을 정한 다음에 조건에 맞는 식물을 고르면 그린테리어가 멋지게 완성된답니다.

고르기, 꾸미기, 키우기의 균형을 잘 맞추어야 진정한 식물 집사!

식물 꾸미기

'식물이 있는 생활'에서는 인테리어에 맞추어 식물과 화분을 고를 때가 가장 즐겁습니다. 이제부터는 식물로 꾸미려는 공간과 잘 맞는 식물을 고르는 방법을 소개합니다. 이 정도 규모의 방이라면 어떤 크기의 식물은 두어야 잘 어우러지는지도 함께 눈여겨봐주세요.

거실

거실은 사람이 오래 머무는 곳이므로 식물의 변화를 바로 알아채고 돌볼 수 있습니다. 공간에 확실한 인상을 심어 주는 '자바 고무나무'를 소파 곁에 두었고, 키가 선반 높이쯤 되는 '쉐플레라 다즐'을 놓아 싱그러운 분위기를 더했답니다. 낮은 탁자와 어울리게 둔 '안스리움 애로'는 반그늘을 좋아해 창문에서 조금 떨어진 곳에 배치했습니다.

①자바 고무나무(p40) | ②쉐플레라 다즐(p66) | ③페페로미아 세르펜스(p130) | ④안스리움 에로우(p56) | ⑤피쿠스 루비기노사(p42) | ⑥디스키디아 눔물라리아(p108) | ⑦시서스엘렌 다니카(p94). 각 품종명 뒤에 키우는 법이 실린 쪽수를 써 두었다. 사진과는 다른 품종이 실린 곳도 있다.

①폴리스키아스 프루티코사(p80) | ②립살리스 메셈브리안테모이데스(p104) | ③마란타 레우코네우라 에리스로네우라(기르는 법은 142쪽의 '칼라테아 마코이아나'를 참조) | ④쉐플레라 마루코(p66)

창가

창가는 햇빛이 잘 들고 빛을 가릴 커튼도 있어 식물을 기르기 좋은 곳 가운데 하나입니다. 다만 기온이 떨어지면 바로 추워지므로 온도 변화에 신경 써야 하죠. 눈에 가장 잘 띄는 곳에는 분위기가 고전풍 가구와 잘 어울리는 '쉐플레라 마루코'를 두었답니다. 귀엽고 둥그스름한 잎, 줄기 등에서 나온 공기뿌리(공기 중의 수분과 영양소를 흡수하려는 뿌리)가 특징이죠. 이 밖에도 커튼 너머로 은은하게 비치는 햇살을 좋아하는 폴리스키아스, 립살리스, 마란타를 함께 배치했습니다.

장식할 때는 이렇게

먼저 식물에 어떤 개성이 있는지를 살핀다. 자주 보고 싶거나 강조할 부분을 정했다면 그 개성이 가장 잘 드러나는 장소를 고르자. 여러 식물을 한꺼번에 장식할 때는 실내 구조와 잘 어우러지게끔 각 식물의 크기, 높이, 잎 색깔의 조화, 화분 연출도 함께 고려한다.

자리에 앉았을 때 잘 보이는 곳에 둔다

집안에서 편히 쉴 때는 어딘가에 앉기 마련이므로, 앉았을 때 자연스럽게 눈에 들어오는 곳 또는 높이와 각도를 따졌을 때 보기 편한 곳에 식물을 두자. 예를 들면, 거실의 TV 옆이나 서재에 둔 컴퓨터 주변에 식물을 두면 딱딱했던 분위기가 부드러워진다. 좋아하는 그림을 벽에 걸듯 식물로 인테리어 효과를 주어도 좋다. 싱그럽게 빛나는 식물을 놓기만 해도 실내 분위기가 확 바뀐다.

가지 끝 주변 공간에 여유를 두자

실내를 꾸밀 때 중요한 점은 공간에 꽉 차는 식물이 아니라 크기가 살짝 낙낙한 식물을 고르는 것이다. 또 가지 흐름이 벽에 가로막히지 않도록 가지 끝 주위가 여유로운 곳에 화분을 두자. 점점 자라날 식물의 모습을 그려볼 수 있는데다가 생동감 넘치는 매력을 한껏 끌어낼 수 있다. 오른쪽으로 각진 자리에 둘 생각이라면 수형이 왼쪽으로 뻗은 식물을 고르는 식으로, 장식할 곳을 먼저 떠올리면 이미지가 그려져 선택하기도 쉬워진다.

가끔 화분 자리를 바꾸어서 식물이 골고루 빛을 받게 한다

식물은 해 쪽으로 자라므로 주로 둘 곳과 화분 방향을 정했어도 몇 달에 한 번은 위치를 바꾸어주어야 한다. 일조량이 적은 곳에 있던 식물이 시들시들하다면 빛이 조금 더 드는 장소로 옮겨주자. 식물은 환경이 갑자기 바뀌면 잘 적응하지 못한다. 갑자기 강한 빛을 쐬면 잎이 타기도 하고 그늘에 내버려 두면 말라 죽기도 한다. 양달이나 응달로 옮길 때는 식물이 어떤 상태인지를 살피면서 자리를 서서히 바꾼다.

부엌

조리대와 식탁 사이에 큼지막한 식물을 두면 저절로 공간이 나뉩니다. 가구 등을 두면 답답하게 느껴지지만 식물을 놓으면 탁 트인 듯 가볍고 자연스럽게 나누어지죠. 주방에 식탁이 있는 다이닝 키친에서는 동선이 중요하므로 줄기가 독특하면서 잎이 위쪽에만 나는 '피쿠스 이레굴라리스'(p40)를 두었습니다. 부엌살림을 적당히 가리는 역할도 해준답니다.

작업실

작업실도 식물로 꾸미면 쾌적한 공간으로 거듭난답니다. 이 방에는 수형이 특이한 '퓨클러 쉐플레라'를 두어 세련되면서 아늑한 느낌으로 연출했습니다. 잎이 늘어지거나 사방으로 퍼지는 식물을 천장에 매달면 일에 방해가 되지 않는 선에서 방을 꾸밀 수 있죠. 사랑스러운 식물에 둘러싸여 있으면 멋진 아이디어가 샘솟을지도 모릅니다.

침실

침실은 몸과 마음을 재충전하는 곳입니다. 하루를 열고 마무리하는 공간이기도 하므로 식물을 두어 분위기를 차분하게 만들어보세요. 아침 햇살이 잘 드는 침실이라면 취향에 맞는 선인장을 놓기만 해도 마음이 편안해진답니다. 길쭉하게 자라는 선인장을 여럿 모아 두면 방이 깔끔해 보입니다. 선인장은 튼튼하게 자라는데다 빛만 충분하다면 손이 갈 일이 거의 없어 누구나 키우기 쉽습니다.

①가지치기를 한 귀면각 선인장 | ②귀면각 선인장 | ③대봉룡 선인장(①~③을 키우는 법은 134쪽의 '유포르비아'를 참조) | ④유포르비아 티루칼리(p134)

①드라세나 콤팍타(p112) | ②호야 마크로필라(p100) | ③넉줄고사리(p91) | ④버건디 고무나무(p40)

현관

집의 얼굴인 현관도 빛만 일정하게 들어온다면 식물로 꾸밀 수 있습니다. 햇빛과 바람이 잘 들지 않는다면 손님이 올 때만 장식해도 좋답니다. 아담한 크기의 화분에 쭉쭉 뻗으며 자라는 식물을 심어 두면 현관에 잘 어울리죠. 거울 길이에 맞도록 높다란 화분에 심어 말끔하게 다듬은 버건디 고무나무로 포인트를 주었습니다.

식물 고르기

실내용 식물을 들일 때는 어떤 종류가 있는지 미리 살펴보세요. 취향을 알면 식물 고르기가 훨씬 쉬워지거든요. 식물에서 주로 보는 부분이 가지인지 잎인지, 잎 생김새나 색깔인지, 질감이라면 어떤 느낌인지 같은 취향과 함께, 실내 공간에 잘 어울릴지도 함께 고려하면 식물 고르기도 그리 어렵지만은 않답니다.

가지식물

잎식물

수형으로 고르기

가지를 보는 식물(가지식물): 흙에서 줄기가 나와 가지를 치면서 잎을 내는 식물. 같은 가지식물이어도 큼직하고 둥근 잎이 달리는 '고무나무'나 자그맣고 가느다란 잎이 달리는 '쉐플레라'처럼 잎에 따라 느낌이 크게 달라진다. 동일한 품종이라도 똑바로 자라거나, 가지를 많이 치거나, 휘면서 늘어지는 등 수형도 제각각이다. 가지식물을 고를 때는 화분을 둘 장소의 높이와 너비 등을 미리 재두면 공간에 맞는 식물을 쉽게 찾을 수 있다.

잎을 보는 식물(잎식물): 키 작은 화초류를 일컫기도 하며 대부분 부드러운 느낌을 준다. 흙에서 싹이 여럿 나와 자라면서 잎이 풍성해지는 종류가 많으며, 잎이 벌어지는 방식에 따라 다양한 곳에 둘 수 있어 꾸미는 재미가 쏠쏠하다. 크기는 작거나 중간 정도가 많으므로 위에서 내려다볼 때 예쁜 잎 식물은 바닥에 두고, 늘어지는 잎이 보기 좋은 식물은 선반에 올리는 등 특징과 자라는 환경에 따라 얼마든지 자리를 바꿀 수 있다.

잎과 줄기가 늘어지는 식물(걸이식물): 잎식물처럼 흙에서 싹이 나오며 자라지만 잎과 줄기가 화분 아래로 늘어진다. 선반에 올리거나 벽에 걸어 덩굴이 너울지는 모습을 보는 즐거움이 있다. 화분 무게를 버티는 고정쇠나 줄 같은 도구만 몇 개 있으면 쉽게 분위기를 바꿀 수 있다는 점도 매력적이다. 물을 주기 편한 곳에 화분을 걸어두면 관리하기 좋다.

걸이식물

크고 둥근 잎

작고 가느다란 잎

잎 생김새로 고르기

크고 둥그스름한 잎은 꾸미지 않은 자유분방함이 매력이다. 깔끔하면서 감각적인 분위기의 실내 공간에도 잘 어울린다. 잎이 큼직한 대신 적게 나므로 바닥에 떨어진 잎을 치울 때도 편리하다. 잎사귀 수가 적은 만큼 줄기가 또렷하게 강조된다. 작고 가느다란 잎은 바람에 한들거리는 모습이 시원하면서도 고급스럽다.

진초록 잎

연둣빛 잎

잎 색깔로 고르기

식물의 잎 색은 녹색, 밝은 연두색, 노란색, 구리색 등 아주 다양하다. 잎사귀마다 느낌이 다르므로 실내 분위기에 따라 취향껏 고를 수 있다. 붉게 물든 잎이나 선명한 노란 무늬 잎 식물은 인테리어 효과를 내기에도 좋다. 연둣빛 잎 식물 중에는 강한 빛을 받으면 상태가 나빠지는 종류도 있으므로 주변 환경을 잘 살펴보아야 한다.

빳빳하고 까끌까끌한 잎

부드럽고 섬세한 잎

잎 질감으로 고르기

빳빳한 잎은 깔끔해 보이며 부드러운 잎은 포근해 보인다. 잎이 빳빳한 식물에는 가시가 나는 종류도 있어 어떤 곳에 둘지를 잘 봐야 한다. 부드러운 잎은 두께가 얇고 스치기만 해도 상처가 나므로 조심해서 다룬다. 식물 종류에 따라 실내 분위기를 다양하게 만들 수 있으니 어떤 느낌을 내고 싶은지를 구체적으로 그리면서 식물을 골라보자.

식물에 맞는 화분 고르기

마음에 드는 식물을 골랐다면 이번에는 화분을 정할 차례입니다. 화분을 고를 때는 식물에 맞을지는 물론, 실내 구조나 분위기에 어울릴지도 잘 살펴봐야 하죠. 화분 모양과 크기에 따라 식물의 공기뿌리나 줄기가 도드라지기도 하고, 잎사귀 색이 다르게 보이기도 한답니다. 화분을 고르기 전에는 식물을 어떤 모습으로 키우고 싶은지 정해두면 좋죠. 줄기를 쭉쭉 키울지, 가지를 살짝 늘어트릴지, 잎을 풍성하게 가꿀지 등 자유롭게 떠올려보세요. 식물을 밖에 내놓을 생각이거나 식물의 수형이 틀어졌다면 너무 가볍지 않고 안정적인 화분에 심어야 화초가 쓰러지지 않습니다. 줄기가 휘었거나 자그마한 잎이 잔뜩 난 식물은 바깥바람에 특히 약하다는 점도 참고해주세요.

식물과 화분 매칭법

'코르딜리네'로 연출할 때

'코르딜리네'는 왼쪽 나무처럼 줄기를 휘게 가꾸면 시간의 흐름이 느껴지면서 고상해 보인다. 화분은 식물과 잘 어우러지도록 색깔은 차분한 구릿빛으로, 모양은 수형이 돋보이도록 단순한 형태로 골랐다. 수형이 위로 쭉 뻗은 오른쪽 나무는 보랏빛 잎사귀가 매력적이다. 장식이 없는 시멘트 화분에 심으면 편안하고 여유로워 보인다.(p115)

'바다포도'로 연출할 때

줄기가 탄탄하고 잎이 둥근 '바다포도'는 나무마다 수형이 제각각인 개성 만점 식물이다. 왼쪽 나무는 굵직한 줄기와 어우러지도록 무늬가 독특하고 안정감이 드는 형태의 화분에 심었다. 오른쪽 나무는 위로 펼쳐지는 수형이 더 잘 보이도록 입구가 둥글게 오므라드는 모양의 흰색 화분에 심어 산뜻함을 더했다.(p44~45)

전체 선을 하나로

줄기와 화분이 선 하나로 이어지듯 연출하면 식물의 특징이 잘 드러난다. 왼쪽의 '반들고무나무'(p79)는 멋들어진 줄기가 돋보이도록 줄기의 흐름을 고스란히 이어받는 화분에 심었다. 오른쪽은 가지가 시원스레 뻗은 '쉐플레라'(p66)로, 깔끔하면서 높직한 화분에 심어 식물과 화분이 한 흐름으로 이어진다. 위로 펼쳐진 가지 모양이 눈에 쏙 들어오고 식물 전체가 두드러져 보인다. 공기뿌리 등 줄기에 특징이 있는 식물이라면 뿌리 쪽이 잘 보이도록 높다란 화분을 고르자.

비슷한 질감으로 통일

줄기나 잎의 질감을 강조하고 싶다면 소재감이 비슷한 화분에 식물을 심어보자. 왼쪽의 '브라키키톤 루페스트리스'(p140)는 토분에 심어 원시적이면서 소박한 느낌을 살렸다. 전체 색감도 고려해 토분 색상은 줄기와 잎 색에 잘 어우러지는 베이지색으로 골랐다. 오른쪽은 생김새가 독특한 유포르비아 락테아 '화이트 고스트'(p136)로, 재질이 잘 살아 있는 화분에 심었다. 건조 지대가 떠오르는 화분 질감 덕택에 식물의 생명력이 강하게 느껴지며, 줄기가 특징인 락테아만의 존재감이 돋보인다.

무늬가 잘 어우러지게

잎에 무늬가 있거나 줄기에 공기뿌리가 실처럼 늘어진 식물이라면 비슷한 무늬나 선이 들어간 화분에 심어도 보는 맛이 있다. 왼쪽은 '칼라테아 마코이아나'(p142)로, 반투명의 붉은색과 초록색 잎이 특징이다. 잎사귀처럼 보이는 무늬가 개성 있는 화분에 심어 세련미를 더했다. 모양이 무난해 화분을 어디에 두어도 잘 어울린다. 오른쪽의 '쿠커버러'(p50)는 독특한 세로줄 무늬 화분에 심었다. 구릿빛 색상이 잎사귀의 광택과 잘 어우러져 점잖은 느낌을 준다.

화분 여러 개로 연출하기

화분들을 함께 두는 방법은 여러 가지가 있습니다. 좋아하는 품종끼리 모아두어도 좋지만, 서로 다른 식물도 잘만 연출하면 그럴듯하면서도 조화로운 실내 장식이 됩니다. 생육 환경을 고려하면서 식물들의 개성이 가장 잘 살아나는 자리를 찾아 꾸며 보세요.

생육 환경이 비슷한 것끼리 모은다

식물들을 어떻게 두어야 할지 모르겠다면 우선 비슷한 환경에서 자라는 식물들을 모아 보자. 다육 식물은 건조하게 키워야 하는 식물끼리, 고사리식물은 물가를 좋아하는 식물끼리 모아두기만 해도 편안해 보인다. 오른쪽 사진은 천남성과 식물 세 가지와 '립살리스'(오른쪽 앞, p104)다. 네 식물 모두 직사광선이 들지 않는 밝은 곳을 좋아하므로 빛을 가리는 시간 등 관리법을 통일할 수 있다.

품종은 같지만 생김새가 다른 식물끼리 모은다

왼쪽 사진에는 '페페로미아'(p130), '립살리스'(p104), '호야'(p100), '유포르비아'(p134) 등 품종은 같지만 모양과 색깔이 다른 식물들을 모아두었다. 간단하지만 확실한 이 방법은 식물들끼리 서로 매력을 돋보이게 해주므로 화분을 처음 장식할 때 쓰기 좋다. 같은 품종인 만큼 키우는 방법도 비슷해 관리하기도 훨씬 쉽다.

잎 빛깔로 포인트를 준다

잎 색깔이 같거나 비슷한 식물끼리 한데 두면 장점과 매력이 뒤섞여 이도 저도 아니게 된다. 이때 초록빛 식물 사이에 은빛, 구릿빛, 노란빛처럼 색이 다른 잎 식물을 넣어 리듬감을 주면 전체적으로 개성이 살아난다. 위 사진에서는 잎이 은색인 '렉스베고니아', 밝은 황록색인 '페페로미아 제미니'(p130)로 포인트를 주었다. 잎 빛깔뿐 아니라 모양도 제각각이면 식물들이 더욱더 활기차게 보인다.

집중할 식물을 정한다

여러 가지 식물을 함께 둘 때는 주인공을 하나 정한다. 크기나 분위기에 따라 저절로 정해질 때도 있다. 크기가 다들 비슷하다면 주인공을 높은 곳에 배치하는 것도 좋은 방법이다. 아래 사진에서는 주인공 식물들을 한 단 높게 올렸다. 덕분에 아래쪽 두 식물의 주변 공간이 한층 넓어 보인다.

화분 색상이나 소재감을 통일한다

한 장소에 종류가 다른 식물들을 같이 둘 때는 화분 색깔과 소재에 주목하자. 이 두 가지만 잘 맞추어도 잎 빛깔이 한층 다채롭게 살아난다. 화분 질감이 너무 다양하면 서로 잘 어우러지지 않지만, 조금씩 다른 정도라면 오히려 보는 재미가 있다. 하나만 색이 다른 화분을 끼워 넣어 개성을 강조해도 세련된 느낌을 준다.

그린테리어 사례 모음

실내용 식물은 어디에 어떻게 두어야 가장 멋지게 보일까요? 거실에서 눈에 가장 잘 들어오는 곳, 주방과 거실 공간이 나뉘는 언저리, 선반이나 창문 근처 모퉁이, 벽으로 가로막힌 통로 끝……. 장소를 정할 때는 채광, 통풍, 동선 등도 함께 고려해야 합니다. 또 식물이 크게 자랐을 때 불편하지 않도록 공간에 여유를 두는 것도 중요하죠. 실내 구조, 식물, 화분이 얼마나 조화롭게 어우러지는지도 살펴보세요.

1 넓찍한 거실에는 가지를 양옆으로 펼치는 '에버후레쉬'(p82)가 잘 어울린다. 저녁에는 접었다가 아침이면 활짝 펴는 잎새가 일상에 활력을 준다.

2 거실 입구의 정면에는 '피쿠스 알티시마'(p41)를 두었다. 창문 너머 베란다에 심은 식물 덕분에 나무가 더욱 돋보인다. 가끔 화분 자리를 바꾸면서 전체 상태도 살피고 식물이 골고루 빛을 받을 수 있도록 한다.

3 사진 속 거실에는 소파 위 천장 가까이에 채광창이 있다. 소파 옆에는 잎이 위쪽으로 자라나는 '브라키키톤 아케리폴리우스'(키우는 법은 140쪽의 '브라키키톤 루페스트리스'를 참조)를 배치해 분위기를 산뜻하면서도 개성 있게 연출했다. TV 옆에 둔 화분은 나무 재질로, 아래 놓인 가구와 소재를 통일했다.

4 이 집은 계단을 올라가면 왼쪽에 다이닝 키친, 오른쪽에 거실이 나온다. 적당한 위치에 '벵갈 고무나무'(p38)를 놓으면 보는 사람의 시선을 끌면서 양쪽 공간이 저절로 나뉘는 효과가 있다. 인테리어 포인트로도 제격이다.

1 주방과 거실 사이에 '피쿠스 루비기노사'(p42)를 두었다. 소파, 천장 구조물, 칸막이 색에 맞추어 어두운 회색 화분을 골랐다. 소파 등받이와 거실 칸막이의 딱딱한 직선이 식물 하나로 훨씬 부드러워진다.
2 창밖으로 보이는 테라스에 식물이 많아 실내 자리에는 화분을 하나만 놓았다. 해를 거듭해 가꾸어온 '쉐플레라'(p66)는 존재만으로 멋들어진다. 커다란 나무여도 테라스 가까이에 두면 물을 주거나 잎에 분무할 때 밖에 내놓기 쉬워 관리가 한결 편해진다.
3 창 너머에는 건물 외벽, 정면에는 TV가 보여 자칫 무미건조했을 방 분위기가 '움벨라타 고무나무(p36)' 덕분에 생기 있어 보인다. 고급스러운 실내 분위기에 맞추어 화분은 소재감에 깊이가 있고 형태가 단순한 것으로 골랐다.
4 주방과 거실 사이에 벤자민 고무나무 바로크(p76)를 놓아 공간을 나누었다. 벤자민 고무나무는 환경이 바뀌면 잎이 떨어지지만, 물 주는 간격을 조절하거나 화분 방향을 가끔 바꾸어주면 반그늘에 가까운 주방에서도 잘 자란다.
5 이 집에서는 계단을 올라가면 TV가 놓인 거실이 나온다. 창문과 벽 모퉁이에 화분을 두면 분위기가 아늑해진다. 천장이 높은 방이므로 수형이 역동적으로 휘어진 '드라세나 나비'(p112)를 놓으면 공간이 훨씬 더 트여 보인다.

1 벽에 붙인 두 책상 사이에 떡갈잎 고무나무 밤비노(p43)를 놓아 자연스럽게 칸을 나누었다. 식물을 벽돌 타일과 어울리는 토기 화분에 심고 책상과 소재가 같은 나무 틀에 올려서 전체적으로 통일감을 주었다.

2 침실 옆에는 편안한 분위기를 자아내는 '쉐플레라(p66)'를 두었다. 적당히 주변을 가려 주면서 방과 방을 나누는 역할도 한다. 공간에 여유가 있어 나무의 독특한 형태가 한결 돋보인다.

3 바깥 창 너머로 들여다보이는 입구 정면 자리에 '자바 고무나무'(p40)를 놓았다. 공간이 좁으면 화분을 고를 때의 선택지도 적어진다. 이런 자리에는 위아래로 길쭉한 화분을 두면 대비 효과가 일어나 식물이 실제보다도 훨씬 크고 풍성해 보인다.

4 침실 창가에 오래 키워 커다란 '쉐플레라'(p66)를 놓았다. 아침 햇살과 초록빛 잎사귀를 보며 깨어나면 몸도 마음도 건강해질 듯하다. 침구를 푸른색과 회색으로 통일한 덕택에 녹색 쉐플레라가 눈에 확 들어온다.

5 반려동물과 함께 머무는 거실에는 '피쿠스 알티시마'(p41)도 잘 어울린다. 이 자리는 통로 끝이자 거실과 주방 사이 모퉁이로, 눈에 잘 띄면서 트인 공간이라 화분 하나로도 멋지게 연출할 수 있다.

1 창문이 좁고 길어 빛이 잘 들어올지 걱정된다면 '드라세나 콤팍타'(p112)처럼 튼튼한 품종을 먼저 키워보자. 별 문제 없이 쑥쑥 자란다면 화분을 조금씩 늘려가도 좋다.
2 온도 변화가 심하지 않다면 온풍기 측면에도 식물을 둘 수 있다. '박쥐란'(p116)을 유목에 매달아 걸어두면 멋진 인테리어 소품이 된다.
3 거실과 주방이 트인 리빙 다이닝에 '쉐플레라'(p66)를 놓아 분위기를 그윽하게 연출했다. 창밖으로 풀숲이 보이는 곳에 화분을 두면 자연스럽게 실내 식물이 강조되어 한결 멋스럽다.
4 수납장이나 선반 위에 '필로덴드론'(p52)을 올려 남는 공간을 활용해도 좋다. '필로덴드론'이나 '스킨답서스'(p98)는 창가에서 다소 먼 반그늘에서도 잘 자란다.

1 실내에 식물을 두기 좋은 곳으로는 창가 자리를 꼽을 수 있다. 다육 식물을 비슷한 색상과 모양의 화분에 심어 두면 색깔과 생김새가 각각 뚜렷하게 살아난다.
2 양지바른 방 한구석도 식물을 키우기 좋은 자리다. 가늘고 긴 슬릿창 앞에 선반을 두고 작은 화분들을 키우면 식물의 성향에 맞게끔 양지와 반양지 환경을 만들어줄 수 있다.
3 북향으로 난 창가에서는 다육 식물처럼 그늘에서도 잘 자라는 종류를 키우자. 물 주는 간격을 조절하면 건강하게 쑥쑥 자란다.
4 주방 창가 자리가 여유롭다면 '일본미역고사리'(키우는 법은 91쪽의 '넉줄고사리'를 참조) 같은 고사리식물과 함께 소품을 장식해보자. 화분 하나만 놓아도 생동감이 넘치는 잎 덕분에 분위기가 싱그럽게 바뀐다.

1 조명 설치용 레일을 활용하면 주방에 화분을 매달 수 있다. 수도관이 가까워 물을 주기도 편하다. 식탁 정면의 밝은 창가에도 '유포르비아'(p134)처럼 귀여운 다육 식물을 두면 개성을 살릴 수 있다.
2 화장실에 조그맣게 난 창가에도 식물을 장식할 수 있다. 창문 모양과 벽무늬에 맞추어 고른 식물은 분위기가 우아한 '넉줄고사리'(p91)다. 키우기 쉽고 튼튼해 바람만 잘 통한다면 화장실에도 둘 수 있다.
3 주방 창에서 살짝 떨어진 선반 위 여유 공간에는 흰 벽을 여백 삼아 관상용 '아스파라거스'(키우는 법은 88쪽의 '고사리식물'을 참조)를 놓았다. 섬세한 잎사귀가 축 늘어진 모습이 매력적이다.
4 창문 위 커튼레일에 매단 걸이식물과 창틀 선반에 둔 식물들이 자연스럽게 어우러진다. 공중 식물인 '틸란드시아'나 작은 장식품을 함께 두면 나만의 공간으로 꾸밀 수 있다.
5 빛이 잘 드는 남향 창문 앞에는 양지를 좋아하는 식물을, 벽 앞에는 반양지를 좋아하는 식물을 두었다. 화분을 어디에 어떻게 둘지 아이디어를 하나둘 떠올리다 보면 키울 수 있는 식물의 폭이 점점 넓어진다. 화분은 세련된 인테리어에 맞추어 시멘트 소재로 통일했다.

식물 키우기

어떤 식물을 어디에 둘지 정했다면 이제 식물과 함께 생활할 준비가 된 셈입니다. 식물은 몸 상태가 나빠지면 신호를 보내면서 서서히 시들어간답니다. 혹시 달라진 곳은 없는지 날마다 꼼꼼하게 살펴봐야 하죠. 식물에 생육 환경이 알맞은지는 새순이 나오는 모습을 보면 알 수 있습니다. 건강하게 커가는 식물이 전해주는 행복을 느껴보세요.

환경이 자연에 가까운지 늘 살펴보자

식물을 키울 때는 바람이 잘 통하고 가을부터 봄까지 빛이 적당량 들며 여름에는 직사광선이 닿지 않는 곳에 두어야 한다. 식물은 '자연 그대로의 환경'에서 사는 것을 가장 좋아하기 때문이다.

연못이나 늪처럼 축축한 곳에서는 산들바람이 불어 습기를 날려주고, 비가 많이 오는 곳에서는 흙이 물을 적절히 흡수해 다른 곳으로 빼내어 주므로 자연에 사는 식물이 물에 잠길 일은 거의 없다. 그런데 창문을 꽉 닫은 곳에 내버려 두거나, 물이 꽉 찬 화분 받침을 갈아주지 않는데도 식물이 건강하게 자랄 수 있을까? 또 식물은 빛이 없으면 살지 못한다. '내음성(耐陰性)이 있다'라는 말은 컴컴한 곳에서 산다는 뜻이 아니라, 일조량이 부족해도 비교적 잘 살아남을 만큼 튼튼하다는 뜻이다.

식물은 달라진 기후나 환경에 적응하려고 일부러 새잎을 낼 때도 있다. 식물을 말려 죽이지 않으려면 상태가 나빠지려고 할 때 바로 알아채고 원인을 찾아내야 한다. 이때 반드시 식물을 어떤 환경에 두었는지와 물을 어떻게 주었는지를 점검하자. 이를테면 키가 큰 나무는 직사광선을 좋아하므로 양달에서 잘 자란다. 반대로 높은 나무의 그늘에 사는 식물은 부드러운 빛을 좋아하므로 커튼을 친 창가 같은 곳에 두어야 한다. 열대, 온대, 건조 지대 등 식물이 나고 자란 곳의 기후에 맞추어 세심하게 변화를 살피다 보면, 어떻게 관리해야 식물이 잘 자라는지 알게 될 것이다.

* 이 책에 실린 식물 가운데 주요 과(科)에 들어가는 식물의 특성을 중심으로 정리했다.
* 같은 종류여도 무늬종은 초록잎 품종보다 빛 자극에 약하거나 내음성이 낮을 수 있다. 품종에 따라 특성이 다르므로 위 분류는 참고만 하기 바란다.
* 내음성 식물이어도 물을 잘못 주거나 통풍 환경이 나쁘면 해충이 생길 수 있으므로 늘 꼼꼼하게 살펴야 한다.

물 주기

겉흙이 마르면 화분 아래로 물이 흘러나올 때까지 물을 흠뻑 준다. 흙 위에 물이 잠시 머무는 공간인 '워터 스페이스(Water space)'에 물을 채웠다가 화분 밑으로 내보내기를 3번 반복한다. '조금씩 자주'가 아니라 '흙 표면이 마르려고 할 때 듬뿍' 주면 된다. 물을 흙 속 깊이 스며들게 한다는 느낌으로 '흙의 양과 비슷할 만큼' 주면 충분하다. 물이 고인 화분 받침을 고온다습한 상태에 그냥 두면 식물이 물러버리므로 받침은 꼭 비워주자.

식물은 흙이 마르기 시작할 때부터 완전히 마르는 사이에 뿌리를 뻗고 싹을 틔우며 자란다. 수분이 부족해 보일 때 물을 주면 식물은 생존 본능을 발휘해 있는 힘껏 물을 빨아들인다. 목이 마르면 다육 식물은 잎에 주름이 지고 천남성과, 고사리식물, 잎이 큰 가지식물은 잎을 떨군다. 물이 완전히 끊기면 식물은 약한 가지를 바싹 말려 몸을 지키려 한다. 가지 끝이 말라 있다면 물이 부족하지는 않았는지 확인해보자.

빛이 잘 안 드는 곳에 화분을 두면 흙이 겉만 마르고 속은 축축할 수 있는데, 이때 무심코 물을 계속 주다보면 뿌리가 썩는다. 식물이 키만 크고 줄기, 가지, 잎이 약하거나 성기게 나는 상태를 '웃자란다'라고 하며, 잎이 크기만 크고 튼실하지 못하면 웃자란 것이니 물을 주는 간격을 조금 띄운다.

뿌리와 줄기 구조도 물을 주는 빈도에 영향을 미친다. 뿌리와 줄기가 두껍다면 물을 저장하는 식물일 수 있으므로 바람이 잘 통하는 곳에 두어 무르지 않도록 한다. 한번 무르기 시작하면 뿌리부터 녹듯이 썩어들어가거나 잎이 노래지면서 떨어진다. 아픈 식물은 물도 잘 빨아들이지 못하므로 우선 흙이 어느 정도 마르기를 기다린다. 흙이 마르고 뿌리에 물을 빨아들일 힘이 생긴 듯하다면 흠뻑 젖을 때까지 물을 주자. 수분이 부족하면 뿌리가 가늘고 잎이 자그마한 식물은 살아남으려고 잎을 떨어트린다. 너무 늦지만 않으면 다시 새싹이 올라오므로 물을 듬뿍 주도록 하자.

실내용 식물은 대부분 기온이 20도가 넘는 따뜻한 곳을 좋아한다. 겨울에는 물을 아주 천천히 빨아들이므로 추울 때 물을 지나치게 많이 주면 한기가 들어 식물이 약해진다. 또 봄에 한창 싹을 틔우고 꽃을 피울 때는 흙이 금방 마른다. 계절의 영향을 체감하면서 흙 표면을 만지다보면 물을 주어야 할 최적의 타이밍을 알 수 있다.

실내에는 비나 이슬이 내리지 않으므로 잎에 물을 뿌려 공기 중의 습도도 관리해야 한다. 몸과 마음이 여유로울 때 식물과 즐겁게 교감하면서 '물 잘 주는 방법'을 하나씩 찾아가보자.

기본 포트 등에 들어있는 식물은 화분 받침에 올려둔 뒤 포트 밑구멍에서 물줄기가 새어 나올 때까지 물을 흠뻑 준다.

구멍에서 물줄기가 나오지 않으면 여분의 물이 모두 빠졌는지 확인한 뒤에 원래 자리에 둔다. 흙에 물이 찬 상태로 두면 뿌리가 무르거나 벌레가 생기기도 한다.

흙 관리

화분에 넣을 흙은 물 빠짐이 좋고 공기가 잘 통해야 한다. 시중에 나온 배양토는 수분을 잘 머금고 영양소도 골고루 들어 있지만, 배수성과 통기성이 뛰어난 적옥토를 섞어주면 더욱 좋다. 기본 비율은 배양토와 적옥토(입자가 작거나 중간 크기인 것)가 2:1이다. 화분 흙이 건조하고 물이 잘 빠져야 한다면 적옥토를 늘리고, 늘 촉촉해야 한다면 적옥토를 줄이는 등 식물에 따라 양을 달리한다. 흙이 너무 빨리 마른다면 배양토를 넉넉히 넣고, 그늘에 둘 화분이라면 흙이 금방 마르도록 적옥토를 많이 섞는 등 식물이 사는 환경에 맞추어주자. 배수성과 통기성이 좋은 흙에서는 뿌리가 잘 자라며, 뿌리가 튼튼한 식물은 건강하게 클 수 있다.

먼저 시판용 배양토(1)에 식물 특성과 환경에 맞게끔 적정 비율로 적옥토(2)를 섞는다. 물이 잘 빠지도록 가볍고 구멍이 자잘하게 뚫린 경석(3)이나 입자가 큰 적옥토를 화분 아래에 두툼하게 깐 뒤에 흙을 넣자.

분갈이

물이 잘 안 빠지거나 뿌리가 화분 바닥 구멍으로 비어져 나온다면 뿌리에 산소가 부족해지기 전에 분갈이를 한다. 분갈이를 하기 좋은 시기는 4월에서 10월 즈음으로, 너무 덥지 않으면서 기온이 20~25도 사이일 때를 고르자.

먼저 화분에서 식물을 꺼내 흙을 털고 엉킨 뿌리를 가볍게 풀어낸다. 새 화분은 이전 것보다 약간 커야 좋지만 식물이 더디게 자란다면 원래 화분에 다시 심어도 괜찮다. 이때는 오래된 뿌리를 어느 정도 잘라낸 뒤 심어야 한다. 또 새 화분이 너무 크면 흙이 쉽게 마르지 않아 뿌리가 제때 물을 흡수하지 못하는 문제가 생긴다. 분갈이는 식물에 다소 부담이 되므로, 분갈이를 마친 뒤에는 햇빛이 너무 세거나 원래 화분 자리와 환경이 완전히 다른 곳에는 두지 않도록 하자.

분갈이를 하면서 뿌리를 잘라냈다면 식물 몸 전체의 균형이 무너지지 않도록 잘라낸 뿌리 분량만큼 가지를 쳐낸다. 다만 가지와 잎이 가느다란 품종은 갑자기 뿌리를 자르면 전체 균형을 잃기 쉬우므로 꼼꼼하게 상태를 살피면서 적절히 잘라내야 한다.

뿌리가 흙 속에 꽉 찼다면 바닥 부분에 가위를 세워 열십자를 넣은 뒤 뿌리를 풀어내야 식물이 부담을 덜 느낀다.

새 흙을 넣은 뒤에는 나무젓가락이나 대나무 꼬치를 뿌리 사이에 여러 번 꽂았다 꺼내면 흙이 빼곡히 들어가 뿌리가 자리를 잡는 데 도움이 된다.

가지치기

가지치기를 하면 가지와 잎에 바람이 잘 통하고 해충이 덜 생기며 식물이 고르고 튼튼하게 자란다. 실내용 식물은 쑥쑥 잘 자라는 편이라 가지를 꼭 쳐주어야 한다. 잎이 난 마디 끝을 자르면 그 자리에서 새싹이 올라오거나 가지가 두 갈래로 난다. 화분에 심은 식물은 가지가 하나만 쭉쭉 자라면(특히 그해 들어 길고 두꺼워진 가지 등) 그쪽으로 영양이 쏠리면서 주변 가지가 상대적으로 가늘고 약해지기 쉽다. 일단 눈에 띄게 잘 자라는 부위를 찾아낸 뒤, 가지가 두껍거나 길게 뻗쳤다면 끝을 잘라주자. 잘 크는 식물은 보통 초여름이 되면 한꺼번에 새순이 올라오므로 여분의 싹과 가지를 쳐내 바람이 잘 통하게 해야 한다. 가지치기로 수형을 바꾸고 싶다면 어떤 모양이 좋을지 상상하면서 식물을 유심히 살펴본 뒤에 자를 곳을 정하자.

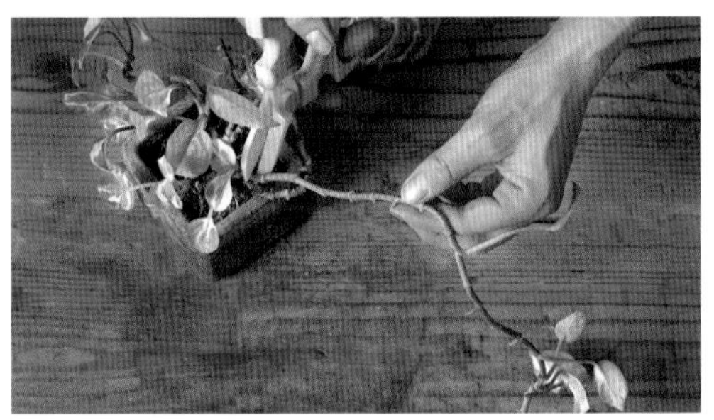

뿌리 쪽 잎은 다 떨어지고 덩굴 끝 잎만 남은 '스킨답서스'. 가지 밑동을 잘라 주면 잘린 곳에서 싹이 나오면서 전체적으로 아담한 모습을 되찾는다.

가지 하나만 과하게 자란 '피쿠스 루비기노사'. 그냥 두면 이 가지가 영양을 독차지하므로 적당한 곳에서 쳐내 수형을 다듬자.

자주 하는 질문

Q 식물이 여름만 되면 시들시들해요.

A 문을 꼭 닫아 통풍이 나쁜 곳에 식물을 둔 건 아닌가요? 몇몇 관엽 식물은 열대 지방처럼 온도가 높은 곳에서 살기도 하지만 통풍이 잘 되지 않으면 줄기나 잎이 금방 물러요. 창을 열 수 없다면 실내 공기를 순환시키는 서큘레이터 등으로 바람을 쐬게 해주세요. 물을 준 뒤 밖에 놔두어도 도움이 된답니다.

Q 가지가 밑쪽 잎은 다 떨구고 끝만 삐쭉하니 자랄 때는 어떻게 해야 하나요?

A 관엽 식물은 흙의 양이 한정된 화분 속에서 자라므로 성장할 힘이 모자라지 않도록 낡은 잎을 떨구기도 합니다. 특히 원래부터 크게 자라는 종류는 가지치기로 수형을 다듬으며 키워야 하고요. 꾸준히 다듬으면 가지가 여러 갈래로 나뉘면서 잔가지도 늘어나고 잎이 풍성해져 안정적으로 자리를 잡습니다.

해충

빛이 안 들고 통풍이 나쁜 실내에 식물을 두어 잎이 시들거나, 화분 받침에 고인 물을 비우지 않고 바람이 거의 없는 곳에 방치해 식물이 무르면 '응애'나 '깍지벌레' 같은 해충이 생기기 쉽다. 수분이 부족해도 쉽게 나타나므로 식물이 힘이 없다면 물을 주는 빈도나 일조량을 확인해보자. 해충은 식물의 양분을 빨아먹고 배설물로 병을 일으키므로 되도록 빨리 발견해 없애야 한다.

해충은 주로 봄에서 가을까지 활발하게 번식하며 새싹 근처나 가지가 움푹 팬 곳에 잘 꼬인다. 눈에 띄면 바로 살충제를 뿌려 없앤다. 점액을 내뿜는 종류도 있으므로 잎 표면이나 화분 바닥 언저리에 끈적거리는 물질이 묻었다면 젖은 천으로 닦아낸다. 칫솔 같은 도구를 쓰는 것도 좋은 방법이다. 해충은 한번 없어졌다가도 어느새 다시 생기므로 매달 최소 1번은 반드시 꼼꼼하게 살펴보도록 하자.

해충을 예방하려면 잎에 물을 자주 분무하고 바람이 잘 통하면서 일조량이 부족하지 않은 곳에 화분을 두어야 한다. 기온이 10도가 넘어갈 때는 화분을 실외 반그늘로 옮겨 두면 식물이 비나 바람을 그대로 느낄 수 있어 건강 관리에 도움이 된다.

깍지벌레

흰 실밥 같은 분비물에 덮여 있으며, 배설물이 하얗고 끈적이는 특징이 있다. 잎이 까맣게 그슬린 것처럼 변하는 '그을음병'을 일으키므로 발견하는 즉시 없애야 한다.

응애

잎 뒷면에 붙어 영양분을 빨아먹는 해충으로 종류가 아주 많다. 응애가 생기면 잎에 흰 반점이나 긁힌 자국이 나타난다. 물에 약하므로 잎에 자주 분무만 해도 막을 수 있다.

비료

실내용 식물은 대부분 튼튼하고 쑥쑥 잘 자라므로 비료를 꼭 주어야 하는 것은 아니지만, 잎이 성기게 나고 색이 흐릿할 때, 새순이 올라올 때, 분갈이를 한 지 오래되어 흙에 양분이 거의 떨어졌을 때는 비료를 뿌려준다. 한창 자라는 식물에 기운을 더하거나 꽃과 열매에 필요한 영양소를 보태고 싶을 때 주기도 한다.

비료는 기온이 18도가 넘어야 효과가 나타나므로 보통은 새싹이 돋기 시작하는 3월 하순에서 4월쯤에 뿌려준다. 한여름이나 한겨울은 피해야 하며 꽃이 피거나 열매를 맺는 식물은 가을에 주기도 한다.

비료는 고체형과 액상형이 있는데 고체형은 효과가 천천히 나타나는 지효성, 액상형은 효과가 바로 나타나는 속효성 비료다. 액상형은 대부분 물에 섞어서 뿌리며 1~2주에 1번 정도 준다. 고체형은 화학 비료와 유기 비료로 나뉘며 1년에 1~2번 주되, 뿌리에 부담이 가지 않도록 겉흙 가장자리에 적당량을 올려 천천히 흡수하게 한다. 유기 비료는 흙 성분을 더 좋게 만들고 싶을 때도 쓴다.

왼쪽은 식물용 보충제로, 기력이 없는 식물에 쓰면 뿌리가 새로 돋을 때 힘이 되며 수분과 양분 흡수를 도와 줄기가 튼튼해진다. 가운데는 고체형 비료, 오른쪽은 액상형 비료다.

Q 새로 산 식물이 데려오자마자 기운을 잃었어요.

A 주변 환경의 변화에 적응하는 중일지도 몰라요. 빛이나 물 등 식물 판매장에 있을 때와는 조건이 많이 달라졌을 테니까요. 환경이 바뀌면 식물도 스트레스를 받습니다. 우선은 달라진 범위가 식물이 적응할 수 있는 정도인지 잘 살펴봅니다. 일조량이 너무 부족하지는 않은지도 확인하고, 물을 줄 때는 듬뿍 준 다음 겉흙이 마르면 다시 흠뻑 적셔준다는 느낌으로 반복해보세요.

Q 잎이 군데군데 갈색으로 물드는 이유는 무엇인가요?

A 먼저 잎자루나 잎 뒷면, 가지가 나뉘는 곳에 해충이 생겼는지 확인하세요. 해충이 전혀 없고 일조량도 충분하다면, 기온이 오를 무렵이라 식물이 새싹을 내기 전에 낡은 잎을 말리고 떨어트리려 하는 것인지도 모릅니다. 수분이 부족할 수 있으니 화분 밑으로 충분히 흘러나오도록 물을 아주 듬뿍 주세요.

이 책을 보는 법

1장부터 4장까지는 저자가 세심하게 고른 실내용 인기 식물을 소개합니다. 품종별로 여러 종류를 실어두었으며 키우는 법도 최대한 쉽고 자세하게 설명했습니다.

빛

양지, 반양지, 밝은 음지 세 가지로 나누어 해당 식물이 어떤 빛 환경을 좋아하는지 표시했다. '잘 키우는 법'의 '빛' 내용과 함께 읽으면 좋다.

양지 빛이 직접 드는 곳이다. 다만 여름철 햇빛은 너무 강해 식물에 좋지 않으므로 한여름에 내리쬐는 직사광선만은 피해야 한다.

반양지 직사광선이 닿지 않는 곳으로, 레이스나 망사처럼 얇은 커튼 너머로 빛이 부드럽게 들어오는 자리 등이 있다. 햇빛을 차단하는 비율인 차광률은 80~60%다.

밝은 음지 창가에서 조금 떨어져 있지만 지나치게 어둡지 않은 곳이다. '반그늘'이라고도 하며 차광률은 60~40%다.

품종명

식물 매장에서 흔히 쓰는 이름(유통명)을 소개했다. 학명이나 일반명을 써둔 곳도 있다.

사진 해설

품종, 수형 특징, 화분 고르는 법 등을 설명했다. 특히 화분 고르는 법은 식물을 키울 때 매우 유용하므로 꼭 참고하기 바란다.

잘 키우는 법

물을 주는 방법이나 식물을 둘 장소를 고르는 법처럼 식물 집사가 알아두어야 할 필수 정보를 정리했다. 30~33쪽에 설명한 내용과 함께 읽으면 더욱 좋다.

기본 정보

학명, 과·속명, 원산지 외에도 식물이 빛이나 물을 좋아하는 정도를 함께 써두었다.

Chapter

1

생동감과 활기가 넘치는 식물들

움벨라타 고무나무

Umbellata

커다란 하트형 잎이 부드럽고 아늑한 분위기를 자아내는 식물로, 인기가 무척 좋은 품종이에요. 봄에서 여름까지 많이 유통되며 수형과 크기도 아주 다양하답니다. 곡선이 들어간 밝은색 화분에 심으면 더욱더 멋지며, 내추럴 인테리어에 잘 어울려요. 움벨라타 고무나무는 뽕나무과 무화과나무속 식물 중에서도 특히 빛에 민감해요. 양달을 좋아하니 일조량이 부족하지 않도록 잘 관리해주어야 합니다. 여름철 직사광선은 피하고 가을부터 봄까지는 빛이 잘 드는 자리에 놓아주세요.

몸통 줄기를 중간쯤에서 반으로 갈라 잔가지를 양쪽에서 나오게 했다. 화분은 비율을 고려해 큼지막한 것으로 골랐다. 모양이 단순하고 색상도 무난한 회색이라 전체적으로 깔끔해 보인다.

기본 정보

학명	Ficus umbellata		
과·속명	뽕나무과 무화과나무속		
원산지	전 세계 열대~온대		
빛	양지	반양지	밝은 음지
물	흠뻑	보통	살짝 건조하게

잘 키우는 법

■ 빛

▶ 무화과나무속 식물 중에서 빛을 특히 좋아한다. 초여름부터 가을까지는 밖에 둘 수 있지만, 평소에 밝은 음지(반그늘)에서 자라던 식물이 갑자기 센 빛을 쐬면 잎이 탈 수 있으므로 상태를 잘 살피면서 옮겨야 한다.

▶ 일조량이 부족하면 식물은 줄기가 약해지면서 잎이 떨어지거나 누렇게 변하고 잎 둘레가 갈변하기도 한다. 새순이 잘 나지 않으면 빛이 부족하다는 증거다.

■ 온도

▶ 추위에 약하므로 밖에서 키우더라도 10월 중에는 안으로 들여 밝은 곳에 두자.

▶ 여름철 더위에는 잘 버티지만 뿌리 등이 무르지 않도록 통풍에 신경 써야 한다.

■ 물

▶ 흙 표면이 마르면 물을 흠뻑 준다. 계절이 겨울이거나, 성장이 빨라 물을 넉넉히 주어야 하는 여름이라도 화분을 응달에 두었다면 겉흙이 말랐는지 잘 살피면서 주도록 하자.

▶ 너무 더울 때는 잎에 가끔 분무기로 물을 뿌려 준다.

■ 해충

▶ 빛과 바람이 잘 들지 않고 실내 공기도 건조하면 봄부터 가을까지 해충이 생기기 쉽다. 주로 응애, 깍지벌레, 가루깍지벌레 종류가 나타나며 잎에 물을 자주 뿌리고 젖은 천으로 잎을 닦으면 예방할 수 있다.

■ 가지치기

▶ 쑥쑥 잘 크는 편이므로 가지가 너무 자라 수형이 무너질 정도라면 가지치기를 하자. 초봄에는 줄기에 돋은 새순을 피해 싹 위쪽 또는 잎에서 조금 올라간 자리를 자른다. 보통은 쳐낸 곳에서 가지가 갈라지므로 어떻게 변할지 예측하는 재미가 있다. 고무나무류 식물은 가지를 친 자리에서 흰 나무즙이 나오므로 다른 곳에 묻지 않도록 바로 닦아내자.

가지치기를 반복해 부드럽게 곡선을 그리는 독특한 수형으로 다듬었다. 여러 해 키우면 점점 느리게 성장하면서 가지나 잎자람새도 안정을 찾는다. 움벨라타 고무나무는 원래 크게 자라는 식물로, 그냥 두면 잎이 지나치게 커져 줄기와 균형이 맞지 않는다. 성장 속도에 맞추어 부지런히 가지를 쳐주자.

아담한 중품 화초. 녹색 가지는 아직 어리므로 쑥쑥 자란다. 연갈색 줄기가 많으면 이미 수형이 자리를 잡은 상태이므로 돌보기 쉽다.

벵갈 고무나무

Benghalensis

흰빛이 감도는 줄기, 뚜렷한 잎맥,
둥그스름한 잎이 특징으로 분위기가 깔끔하고
산뜻한 고무나무입니다. 성장이 빨라
새싹이 금방 올라오고 유통량이 많으며
인기도 좋아요. 줄기가 부드러워 구부러지게
다듬기도 쉽고 가지치기로 수형을 자유롭게
바꿀 수 있어 어디에나 잘 어울린답니다.
영어로는 '반얀트리(Banyan tree)'라고 하는데,
생명력이 강해 인도에서는 영원한 생명을
상징하는 신성한 나무로 여긴다고 하네요.

분위기가 딱딱해지지 않도록 가지치기를 꾸준히 반복해 부드러운 느낌으로 바꾸었다. 왼쪽으로 뻗는 잎과 가지의 흐름이 막히지 않도록 화분을 방 오른쪽 모퉁이에 두어 수형을 효과적으로 살렸다.

기본 정보

학명	Ficus benghalensis		
과·속명	뽕나무과 무화과나무속		
원산지	인도, 스리랑카, 동남아시아		
빛	양지	반양지	밝은 음지
물	흠뻑	보통	살짝 건조하게

잘 키우는 법

■ 빛

▶ 양달을 좋아하므로 사계절 내내 빛이 잘 드는 자리에 둔다. 밝고 바람이 잘 드는 실내가 좋다. 내음성이 있는 편이지만 새잎을 내지 못하면 나무가 약해지므로 양달로 옮겨주자.

■ 온도

▶ 겨울 추위에 잘 견디는 편이므로 실내 온도가 높지 않아도 겨울을 날 수 있다. 더운 여름에도 큰 문제는 없지만 잎이나 줄기가 무르지 않도록 통풍에 신경을 써야 한다.

■ 물

▶ 생육기(한창 식물이 나고 자라는 때)인 5~9월에는 흙 표면이 마르면 물을 듬뿍 준다. 화분을 바람이 잘 통하는 곳에 두고 과습 상태는 아닌지 자주 살핀다.

▶ 기온이 20도 아래로 떨어지면 성장 속도가 느려진다. 초가을부터는 물을 주는 간격을 서서히 늘리고, 겨울에는 겉흙이 마르고 2~3일 뒤에 물을 주는 등 흙이 살짝 건조하다 싶을 정도로만 관리한다.

■ 가지치기

▶ 가지가 하나만 너무 자라서 수형이 균형을 잃었거나 예전에 나온 잎이 노랗게 변해 떨어지기 직전이라면 가지치기를 한다. 초봄에는 줄기에 새싹이 올라온 뒤에 그 윗부분이나 잎 위쪽을 자른다. 4월 중순~5월경에 가지치기를 하면 새순이 나오고 여름에 수형이 어느 정도 만들어진다. 가지를 관리하지 않으면 잎사귀 수가 줄어들면서 나무가 멋을 잃는다. 가지를 잘랐을 때 나오는 흰 나무즙은 바로 닦아내자.

양쪽 가지가 자연스럽게 펼쳐져 중간 크기의 나무인데도 큰 나무처럼 보인다. 고대 분위기의 컵 모양 화분에 심어 우아한 맛을 살렸다.

자생지에서는 높이 30미터까지 자라기도 한다. 크게 자란 나무에서는 벵갈 고무나무의 강력한 원초적 힘이 느껴지며, 줄기에 점처럼 생기는 꽃과 열매도 볼 수 있다.

줄기를 뿌리 쪽부터 굽히면서 모양을 다듬은 중품 화초. 묵직해 보이는 화분에 심어 비율을 잘 맞추면 수형이 산뜻하게 보여 실내에 장식하기 좋다.

여러 가지 고무나무

무화과나무속 식물에는 움벨라타 고무나무(p36), 벵갈 고무나무(p38) 말고도 여러 종류가 있습니다.
실내에 장식할 때는 생동감과 여유로움이 넘치는 고무나무만의 수형을 잘 살려보세요.
내음성과 내건성(건조함을 견디는 성질)이 강한 품종이 많고 실내에서도 잘 자라므로
초보 식물 집사에게 제격이랍니다.
원래는 크게 자라는 나무이니 적당한 크기의 식물을 골라 환경만 잘 갖추어주면 오래도록 건강하게
함께 지낼 수 있어요. 고무나무를 키우는 기본 방법은 벵갈 고무나무 설명을 참고해주세요.

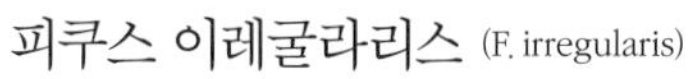

피쿠스 이레귤라리스 (F. irregularis)

원산지는 싱가포르로, 부드럽게 떨군 섬세한 잎사귀와 줄기에서 뻗은 공기뿌리가 멋들어진다. 일조량과 물 공급이 부족하면 잎이 떨어지기도 하지만 양달에 두고 관리하면 비교적 쉽게 키울 수 있다.

인도 고무나무 (F. elastica)

멜라니 고무나무(F. elastica Robusta), 데코라 고무나무(F. elastica Decora), 무늬인도 고무나무(F. elastica Variegata) 등 여러 종류가 있다. 사진 속 나무는 잎에 검붉은 광택이 진하게 감도는 버건디 고무나무(F. elastica Burgandy)다. 본줄기를 갈라 가지를 둘로 나눈 수형이 멋스럽다. 오랫동안 사람이 가꾸어 온 왼쪽 나무는 오른쪽 나무보다 천천히 자라며 줄기가 굵고 공기뿌리가 밖으로 나와 있어 고상한 느낌이 든다.

피쿠스 알티시마 (F. altissima)

벵갈 고무나무(p38)처럼 비교적 많이 유통되는 무화과나무속 식물이다. 줄기는 갈색에 가깝고 종류에 따라 초록색 잎과 무늬 잎이 달린다. 부드러운 분위기를 자아내므로 실내 공간을 자연스럽고 깔끔하게 꾸미고 싶을 때 포인트로 두면 좋다. 살짝 휘어진 수형도 알티시마만의 특징이다.

인도보리수 (F. religiosa)

잎은 얄따랗고 하트를 살짝 늘린 모양이며 끝으로 갈수록 가늘어진다. 석가모니가 이 나무 아래에서 깨달음을 얻었다는 전설이 있어 신성한 나무로 여겨진다. 인도에서는 '벵갈 고무나무'가 남편, '인도보리수'가 아내를 상징하며, 두 나무를 함께 뜰에 심기도 한다. 키울 때는 움벨라타 고무나무(p36)의 정보를 참고하되, 일조량이 부족하지 않도록 밝은 실내에서 키우고 여름철 직사광선은 피해야 한다.

피쿠스 루비기노사 (F. rubiginosa)

원산지는 호주 동부로, 물이 많거나 적은 곳에서도 튼튼하게 잘 자란다. 프랑스인 식물학자 데폰테이누가 발견해 '프랑스 고무나무'라고도 부른다. 진초록빛으로 반들거리는 길쭉한 잎사귀와 공기뿌리가 고급스러워 깔끔한 분위기의 인테리어와 잘 어울린다. 햇빛과 바람이 부족해 과습 상태에 빠지면 해충이 생기므로 잘 살펴봐야 한다.

피쿠스 벨벳 (F. velvet)

자바 고무나무의 변종(같은 종끼리 교배해 성질이나 형태가 달라진 종류)으로, 새싹과 잎 뒷면이 벨벳 천처럼 보드라운 털로 덮여 있으며 붉은빛 가지와 진초록빛 잎이 강한 대조를 이룬다. 잎이 커다랗다는 점이 특징이므로 소품 화초여도 식물을 둘 곳이나 화분을 정할 때는 잎 크기와 잎이 펼쳐질 공간을 고려해야 한다.

떡갈잎 고무나무 (F. lyrata)

잎사귀 모양이 떡갈나무 잎과 닮아 이런 이름이 붙었다. 줄기가 유연하고 잎이 무거워 수형을 자연스럽게 매만져줄 수 있다. 투박하고 탄탄해 보이는 화분에 심으면 나무의 부드러운 매력이 한층 살아난다. 사진은 소형 품종으로 인기가 있는 떡갈잎 고무나무 밤비노(F. lyrata Bambino)다. 새싹이 나오지 못할 만큼 어두운 곳에 두면 응애나 깍지벌레가 생기고 나무도 약해진다.

나무가 어릴 때 구부린 가지와 자유롭게 쭉 뻗은 줄기가 멋진 수형을 이루었다. 반들반들하고 동그란 새잎이 예쁘다.

바다포도

Coccoloba

줄기는 부드럽고 잘 휘어지며, 초록 잎사귀와 붉은빛 잎맥이 아름답게 어우러지는 식물입니다. 일정 시기에만 유통되지만 잎이 예쁘장하고 인테리어 효과가 좋아 꾸준히 사랑받고 있죠. 원래는 바닷가에 사는 식물로, 포도처럼 생긴 열매를 맺어 '바다포도(Sea grape)'라고 부릅니다. 암꽃과 수꽃이 다른 나무에서 피는 암수딴그루 식물로, 화분에 심어 키워도 크게 자라면 꽃을 피워요. 보랏빛 포도 모양 열매가 달린 화초를 볼 때도 간혹 있답니다.

기본정보

학명	Coccoloba uvifera		
과·속명	마디풀과 코콜로바속		
원산지	미국 남부~서인도 제도		
빛	양지	반양지	밝은 음지
물	흠뻑	보통	살짝 건조하게

잘 키우는 법

■ **빛**

▶ 햇빛이 충분히 들어오고 통풍이 잘 되는 곳을 좋아한다. 다만 여름철에는 직사광선을 피해 얇은 커튼을 친 밝은 곳에 두자. 추위에 약하므로 겨울에는 양지바른 자리로 옮긴다.

■ **온도**

▶ 추위에 약하며 특히 겨울에는 생장을 멈춘다. 생육기에는 실외에 둘 수 있지만 10월 중에는 실내로 들여야 하며 겨울에는 볕이 잘 들고 따뜻한 곳에 둔다.

■ **물**

▶ 겉흙이 마르면 듬뿍 주며 물이 완전히 마르지 않도록 주의해야 한다. 겨울에는 생장이 멈추므로 흙이 마른 상태를 살피면서 살짝 건조하게 관리한다.

▶ 습도가 높은 바닷가에서 나고 자라는 식물이므로 공기가 건조한 곳에 오래 있으면 잎이 떨어진다. 잎에 물을 뿌려주면 좋으며 여름과 겨울에는 냉방기나 온풍기 바람이 직접 닿지 않는 곳에 둔다.

■ **해충**

▶ 그늘지고 습도가 낮으며 바람이 안 통하는 실내에 두면 봄부터 가을에 걸쳐 응애, 깍지벌레, 가루깍지벌레 같은 해충이 생기기 쉽다. 잎에 분무를 자주 해주거나 젖은 천으로 잎을 닦아 예방할 수 있다.

■ **가지치기**

▶ 막 겨울을 난 뒤 또는 꽃이 지면서 잎이 상했다면, 봄에 직사광선이 닿지 않는 실외 반양지로 화분을 옮겨 가지치기를 한다. 새순이 나와 전체적으로 고르게 자란 모습을 상상하면서 잎을 1장 이상 남기고 잎이 붙은 가지 윗부분을 자르면 된다. 잎에 물을 뿌리며 관리하면 비교적 금방 새잎이 나온다.

살짝 넓적한 달걀형 잎이 사랑스럽다. 꽃이 피고 열매가 맺히면 상대적으로 잎이 부실해져 해충이 쉽게 생기므로 꽃눈을 따주어야 할 때도 있다.

줄기가 많이 갈라지지 않으므로 대형 화초는 대부분 여러 그루를 가까이에 모아 심는다. 잎맥은 성장 환경에 따라 색이 달라지나, 자라면서 옆으로 퍼지는 나무는 아래로 갈수록 넓어지는 화분에 심으면 한층 풍성하고 편안해 보인다.

몬스테라

Monstera

큼지막하고 여기저기 찢어진 잎사귀가 특징이에요. 힘차게 펼친 잎, 꼬이듯 자라는 줄기, 신기한 모양으로 나오는 공기뿌리 등 나무 곳곳을 살펴보는 재미가 있답니다. 튼튼하고 잘 자라는 편이며 빛이 덜 드는 곳에서도 관리만 잘 하면 멋지게 키울 수 있습니다. 물을 많이 주면 줄기와 잎이 웃자라거나 뿌리가 썩을 수 있으니 살짝 건조한 편이 좋아요. 뿌리를 똑바로 뻗는 특성이 있으니 화분을 고를 때 참고해주세요.

이전에는 잎을 풍성하게 가꾸고 덩굴성 특징을 살린 수형이 인기였다면, 요즘은 잎과 공기뿌리가 서로 어우러지며 올라가도록 키우는 사진 속 수형으로 많이 키운다. 공기뿌리가 큰 잎과 줄기를 받치는 듯한 모습에서 생동감과 섬세함이 함께 전해진다.

기본 정보

학명	Monstera		
과·속명	천남성과 몬스테라속		
원산지	열대 아메리카		
빛	양지	반양지	밝은 음지
물	흠뻑	보통	살짝 건조하게

잘 키우는 법

■ 빛

▶ 정글의 높다란 나무 아래에서 자라는 식물이므로, 사계절 내내 직사광선이 닿지 않는 곳에 둔다.

▶ 내음성이 있는 편이지만 햇빛이 전혀 없는 곳은 피한다. 너무 어두우면 뿌리가 약해지고 줄기가 웃자라면서 힘이 없어진다.

■ 온도

▶ 고온다습한 곳을 좋아하며 한여름 더위에도 아주 강하다. 다만 바람이 잘 안 통하면 잎이나 줄기가 무르니 조심해야 한다.

▶ 기후가 온난한 일부 지역에서는 실외에서 겨울을 나기도 하지만, 여름부터 바깥 온도에 적응해 뿌리가 겨울을 날 준비가 되어 있어야 가능하다. 잎 상태가 좋지 않다면 실내에서 키워야 한다.

■ 물

▶ 흙 표면이 마르면 흠뻑 주되, 횟수가 잦으면 줄기가 웃자라거나 뿌리가 약해지므로 건조한 듯하게 준다. 마디가 성기거나 가지가 지나치게 자라면 물을 주는 양이나 빈도를 줄여야 한다. 겨울철이거나 화분을 그늘에 두었다면 겉흙이 마르고 2~3일 뒤에 물을 준다.

▶ 습도가 높은 공기를 좋아하므로 잎에 물을 자주 뿌리면 튼튼하게 자란다.

■ 가지치기

▶ 뿌리 쪽 오래된 잎이 떨어지고 줄기를 뻗으며 키만 훌쩍 자라면 전체 균형이 무너져 옆으로 쓰러질 수 있다. 가지를 정리하기 어렵다면 무게중심이 잡힌 화분에 옮겨 심자. 몬스테라는 뿌리를 곧게 뻗는 성질이 있으며 건강하면 공기뿌리가 많이 나온다. 공기뿌리가 바닥에 닿을 만큼 자라면 자람새를 유지할 정도로만 잘라준다.

▶ 초여름이 되면 잎을 한두 장만 남기고 줄기를 뿌리 쪽으로 바짝 잘라준다. 자른 자리에서 곧 새싹이 나온다. 잎이 줄고 줄기가 짧아지면 물도 덜 필요하므로 물을 주는 간격을 띄운다. 잘라낸 줄기를 꺾꽂이로 키워 번식시켜도 좋다.

몬스테라 무늬종. 몬스테라는 '괴물'이라는 뜻의 라틴어로, 품종마다 신비한 매력을 지니고 있다. 무늬종은 환경에 특히 예민해 일조량과 통풍 상태를 잘 살펴야 하며 강한 빛을 쐬면 잎이 타므로 조심해야 한다.

나무가 크지 않아도 잎에 구멍이 예쁘게 뚫리도록 개량한 '콤팍타(M. deliciosa compacta).' 크기가 작은 품종은 실내 곳곳에 장식하기 좋다. 새잎은 1년 동안 2~3장 정도가 천천히 나온다.

셀로움

Selloum

금방이라도 움직일 것처럼 활기 넘치는 잎이 인상적입니다. 줄기에 난 나뭇잎 모양 자국은 필로덴드론의 특징으로, 이국적이면서도 신비로운 분위기를 자아낸답니다. 빙빙 꼬이듯 자라나는 줄기, 독특하게 뻗어 나오는 공기뿌리, 활짝 펼쳐지는 잎사귀 등도 특징이죠. 빛이 드는 쪽을 잘 살펴 화분을 두면 성장하는 모습을 고스란히 즐길 수 있어요. 천남성과 식물을 키울 때는 공기 중 습도는 높여주되 물은 많이 주지 않아야 합니다.

시원스럽게 펼친 잎사귀와 절묘하게 어우러진 줄기가 아름다운 곡선을 이룬다. 생장점(식물의 성장판) 반대 방향으로 빛이 들어오도록 하면 더 높이 자라도 쓰러지지 않는다.

기본 정보

학명	Philodendron selloum		
과·속명	천남성과 필로덴드론속		
원산지	브라질, 파라과이		
빛	양지	반양지	밝은 음지
물	흠뻑	보통	살짝 건조하게

잘 키우는 법

■ **빛**

▶ 얇은 커튼을 친 창가처럼 밝은 실내에서 키운다. 지나치게 센 빛을 쐬면 잎이 타므로 주의한다.

▶ 일조량이 부족하면 줄기가 웃자라고 잎 색이 흐려진다. 흙을 살짝 건조하게 관리하면 어느 정도는 적응하지만 뿌리가 썩지 않는지 잘 살펴봐야 한다.

▶ 줄기에서 자라는 뿌리는 '부착뿌리'라고 하는 공기뿌리의 일종으로, 원래는 큰 나무를 휘감듯이 자란다. 대형 화초는 빛이 드는 방향으로 위치를 고르게 바꾸어주면 줄기 중심이 탄탄하게 자리를 잡는다.

■ **온도**

▶ 고온다습한 환경을 좋아하며 여름철 더위에도 끄떡없지만 통풍이 잘 되는 곳에 두자.

▶ 밖에서 키운다면 겨울에는 집 안으로 들이고 온도를 10도 이상으로 맞추어준다. 추우면 잎사귀 색이 나빠지므로 이때는 곧장 실내로 옮긴다.

■ **물**

▶ 겉흙이 마르면 흠뻑 젖을 때까지 준다. 물을 주는 간격을 1년에 걸쳐 조금씩 늘리면서 건조한 듯하게 관리한다. 빛이 잘 안 드는 곳에서는 잎이 처질 때쯤 물을 주면 뿌리가 썩지 않는다.

▶ 겨울에는 성장이 더디므로 흙 표면이 마르고 2~3일 지난 뒤 물을 준다. 흙이 마른 상태에 따라 2~3일에서 조금씩 달라질 수 있다. 물을 많이 주면 잎사귀가 약해지고 줄기가 웃자란다.

▶ 천남성과 식물은 공기 중 습도가 높은 곳을 좋아하므로 잎에도 분무기로 물을 자주 뿌린다.

선반이나 탁자에 두기 좋은 크기의 중품 화초. 쫙 펼친 잎과 싱그러운 초록빛이 돋보이도록 화분은 모양이 단순하고 색감이 차분한 것으로 골랐다.

독특한 모양으로 솟아난 공기뿌리가 잘 보이도록 여러 그루를 모아 심은 소형 화초. 드넓은 땅에서 솟아나듯 자유롭게 줄기를 뻗는 모습이 매력적이다.

쿠커버러

Kookaburra

잎 흔적이 남은 줄기와 공기뿌리가 얼키설키 자라는 모습에서 야생의 매력과 개성이 물씬 느껴져요. 삐죽삐죽 사방으로 힘차게 뻗는 잎사귀도 아주 인상적입니다. 여름철 직사광선을 쬐면 잎이 타고 응달에 두면 새싹이 나지 않으니 식물이 잘 적응할 수 있는 자리를 찾아주어야 합니다. 천남성과 식물이라 공기 중 습도를 높여주면 좋지만 물은 많이 주지 마세요. 뿌리를 건조하게 관리하면서 잎에 물을 자주 뿌리면 튼튼하게 키울 수 있답니다.

줄기와 공기뿌리들이 한데 얽힌 채 거친 매력을 뽐내는 대품 화초. 밑동에서 가느다란 줄기가 여러 갈래로 나오며, 잎이 진 자리에 자국이 남는다. 식물과 잘 어울리면서 인테리어 소품으로 쓰기 좋도록 무게감 있는 구릿빛 화분에 심었다.

기본 정보

학명	Philodendron kookaburra		
과 · 속명	천남성과 필로덴드론속		
원산지	남아메리카		
빛	양지	반양지	밝은 음지
물	흠뻑	보통	살짝 건조하게

잘 키우는 법

■ 빛

▶ 밝은 실내에 두어야 한다. 일조량이 부족하면 기력을 잃으며 한 번 약해진 식물은 되돌리기 어려우므로 양지 또는 반양지에 둔다.

▶ 빛이 부족하면 잎이 쪼그라들면서 떨어지고 응애 따위의 해충도 생기기 쉽다.

▶ 여름철 직사광선에 약하며 잎이 탈 수 있으므로 밖에서 키울 때는 빛을 가려 준다.

■ 온도

▶ 성장하기 좋은 기온은 10도 이상이며, 추위를 이겨낼 수 있는 온도인 내한 온도는 약 5도지만 온도 차가 심한 곳으로 갑자기 옮기지 않아야 한다. 서리를 피해야 하며 실내에서는 따로 온도를 올리지 않아도 겨울을 날 수 있다.

▶ 실외에서 키우더라도 10월 하순에는 실내로 옮겨야 한다.

■ 물

▶ 겉흙이 마르면 듬뿍 주되, 빈도가 잦으면 줄기와 잎이 웃자라고 뿌리가 약해지므로 건조한 듯하게 준다. 겨울에는 흙 표면이 마르고 2~3일 지난 뒤에 준다. 일조량이 부족한 식물에 물을 많이 주면 시들어버릴 수 있다.

▶ 나온 지 오래된 잎이 늘어지면 물이 부족하지는 않았는지 점검해보자.

▶ 천남성과 식물은 공기 중 습도가 높은 환경을 좋아하므로 잎에도 부지런히 물을 뿌려주자. 해충을 막는 효과도 있으며 공기뿌리가 미세한 수분을 빨아들이면 흙 속에도 새로운 뿌리가 늘어난다.

■ 가지치기

▶ 줄기가 어느 정도 자랐을 때 본줄기를 자르면 주변에 작은 줄기들이 올라오면서 나무가 전체적으로 커진다. 가지치기한 어린줄기는 자른 자리를 말려 꺾꽂이로 심을 수도 있다. 꺾꽂이용으로는 잎을 1~2장 남긴 가지가 좋으며, 다 심으면 흙이 마른 뒤 물을 흠뻑 준다.

■ 비료

▶ 지나치게 많이 주면 잎사귀 색이 바래므로 조심해야 한다. 영양분을 보충해야 한다면 봄에서 가을 사이에 지효성 고체 비료를 뿌린다.

짙은 녹색을 띠는 쿠커버러 잎은 셀로움(p48) 잎보다 가늘고 길쭉하며 도톰하다. 잎들이 빽빽하게 자라므로 실내에 장식하면 야성적이면서 독특한 분위기를 낼 수 있다.

금빛이 감도는 무늬 잎이 멋들어진 '라임(P. kookaburra Lime)'. 불규칙하게 들어간 밝은색 무늬 덕분에 온화한 느낌이 나며, 잎사귀 색이 환해 내추럴, 모던, 심플 인테리어에 무난하게 어울린다.

여러 가지 필로덴드론

필로덴드론은 '나무를 사랑하다'라는 뜻의 그리스 말로, 이름대로 나무를 휘감으며 자라는 식물이에요. 덩굴성, 반덩굴성, 직립성 등 종류도 많고 잎사귀 색도 다양합니다. 소형화분이어도 잎에 독특한 매력이 있어 모든 인테리어에 잘 어울리고 분위기까지 멋지게 만들어줍니다. 화분을 둘 자리만 제대로 찾으면 돌보기도 쉬워요. 가장 좋은 자리는 잎 색깔이 예쁘게 나오는 곳이라고 보면 된답니다. 필로덴드론을 키우는 기본 방법은 '쿠커버러'(p50)를 참고해주세요.

필로덴드론 페다툼 (P. pedatum)

덩굴성 식물이며 마디에서 자라는 공기뿌리로 다른 나무를 감으면서 자라고 느린 속도로 성장한다. 들쭉날쭉 패인 잎사귀 모양이 특징이다. 제법 묵직하고 자연스럽게 처지는 잎이 돋보이도록 시멘트 재질의 단순한 화분에 심었다.

필로덴드론 옥시카르디움 (P. oxycardium)

하트형 잎이 달리는 덩굴성 식물로, 내음성이 있는 편이며 성장이 빨라 건조하게만 관리하면 반그늘에서도 잘 자란다. 연둣빛 잎사귀에 실내 분위기가 저절로 화사해진다.

[왼쪽 위]

필로덴드론 만다린 (P. cv. Mandarin)

초록빛과 노란빛이 어우러진 라임그린색 잎사귀와 노란색 줄기, 붉은빛이 감도는 새잎이 싱그럽다. 잎사귀 색깔이 더 아름답게 보이도록 은색이 섞인 단순한 모양의 시멘트 재질 화분에 심었다.

[오른쪽 위]

필로덴드론 임페리얼 그린 (P. Imperial green)

필로덴드론속 중에서 특히 성장이 느리며 내음성이 있다. 진초록빛 잎이 흐드러지듯 모여 난다는 점과, 더 자라면 아래로 늘어진다는 점을 고려해 무늬가 고풍스럽고 묵직해 보이는 화분에 심어 안정적이면서 우아해 보이도록 연출했다.

[오른쪽]

필로덴드론 실버 메탈 (P. Silver Metal)

갸름한 잎에 은빛의 금속광택이 감도는 품종이다. 잎사귀 색과 어울리도록 표면이 은은하게 반짝이는 화분을 골랐다. 잎이 많이 자라면 적당히 잘라 전체 균형을 맞추어주자.

알로카시아 오도라

Alocasia odora

옛이야기 속에 나올 듯한, 환상적이면서도 소박한 느낌의 식물로 동양식 인테리어에도 잘 어울려요. 물을 주면 다음 날 잎사귀를 타고 물방울이 떨어져 내리는 모습이 정말 신비롭습니다. 뿌리에 독이 있어 해충이 생기는 일이 드물다는 장점도 있어요. 열대 지방의 커다란 나무 아래에서 자라는 식물이므로 환경만 반양지와 비슷하게 만들어주면 초보도 충분히 키울 수 있답니다. 빛이 부족하면 쉽게 약해지고 응달에서는 뿌리가 썩으니 빛이 은은하게 들어오는 곳에 자리를 마련해주세요.

큼지막한 잎사귀 두 개가 눈에 확 들어오는 중품 화초. 앤티크한 철제 틀에 심어 부드럽고 생기 가득한 잎이 한층 돋보인다.

기본 정보

학명	Alocasia odora		
과·속명	천남성과 알로카시아속		
원산지	열대 아시아		
빛	양지	반양지	밝은 음지
물	흠뻑	보통	살짝 건조하게

잘 키우는 법

■ 빛

▶ 밝은 곳을 좋아하지만 원래 열대 지방의 큰 나무 아래에 사는 식물이므로 여름철 직사광선을 쬐면 잎이 탈 수 있다. 얇은 커튼을 친 창가처럼 너무 어둡지 않은 곳에 두자.

▶ 일조량이 부족하면 새싹이 나오지 않거나 줄기가 웃자라므로 식물 상태에 따라 빛이 드는 정도를 조절한다.

■ 온도

▶ 추위에 약한 편이며 온도가 낮으면 잎 상태가 나빠지므로 겨울철에는 실내에 둔다. 최저 기온이 5도 정도인 온난한 곳에서는 밖에서 겨울을 날 수 있지만 서리만은 꼭 피해야 한다.

▶ 고온다습한 여름철 환경을 좋아하지만 실내에 둘 때는 줄기나 잎이 무르지 않도록 바람이 잘 통하게 한다.

■ 물

▶ 겉흙이 마르면 흠뻑 젖을 때까지 준다. 물이 빠지지 않거나 공기가 잘 통하지 않으면 뿌리가 썩으므로 살짝 건조하게 관리한다. 겨울에는 물을 자주 주지 않는다. 빛이 부족하거나 온도가 낮을 때 물을 많이 주면 뿌리가 썩고 나무에 한기가 드니 하루 중 기온이 높을 때 주도록 하자.

▶ 천남성과 식물은 공기 중 습도가 높은 환경을 좋아하며, 흙에 주는 물 외에도 분무기로 잎에 물을 자주 뿌리면 관리에 도움이 된다.

■ 분갈이

▶ 성장 속도가 빠르며 뿌리가 금방 굵어지므로 흙에서 물이 더디게 빠지면 5월 즈음에 분갈이를 한다. 화분에서 꺼내어 봤을 때 포기가 2~3개로 나뉘었다면 그대로 각각 다른 화분에 옮겨 심어도 좋다.

알로카시아 오도라의 꽃. 꽃이 지면 열매가 맺히며 속에 든 씨를 심어 키울 수도 있다.

선반이나 탁자 위에 올려놓기 좋은 초소형 화초로 통통하게 부푼 줄기가 귀엽다. 성장 속도를 늦추고 조그맣게 키울 때는 화분에서 물이 잘 빠지는지와 뿌리가 흙에 꽉 차지 않는지가 중요하다. 화분 크기가 지나치게 커도 좋지 않다.

둥그스름한 잎 모양과 어울리도록 원형에 가까운 화분을 골랐다. 은회색 화분은 다양한 인테리어에 응용할 수 있다. 한꺼번에 여러 포기가 올라오는 식물은 자라면서 줄기가 잎을 가로막아 전체 균형이 무너지므로 뿌리가 흙에 들어차기 전에 포기나누기를 하자.

안스리움

Anthurium

안스리움에서는 흔히 붉은색이나 흰색 꽃(57쪽 오른쪽 사진 참고)을 볼 수 있는데, 사실 이건 꽃이 아니라 '불염포(佛焰苞)'입니다. 불염포는 꽃을 완전히 감싸 보호하는 커다란 잎을 말하는데, 진짜 꽃은 불염포에서 뻗은 줄기 끝에 자그맣게 모여 피죠. 요즘에는 잎을 보는 품종이 여럿 유통되면서 같은 안스리움이어도 잎사귀 색, 무늬, 질감 등이 아주 다양해졌어요. 중품 크기의 화초가 많아 실내에 장식하기도 좋고 키우기도 쉬운 편이랍니다. 커다란 나무 아래에서 자라는 식물이므로, 직사광선은 피해야 하지만 일정한 빛은 꼭 필요하며 물은 자주 주면 좋지 않습니다.

잎에 광택이 없고 무늬가 독특한 '클라리네르비움'(A. clarinervium). 거친 질감의 돌 화분이 식물의 개성을 은은하게 살려 준다.

기본정보

학명	Anthurium		
과·속명	천남성과 안스리움속		
원산지	열대 아메리카		
빛	양지	반양지	밝은 음지
물	흠뻑	보통	살짝 건조하게

잘 키우는 법

■ 빛

▶ 1년 내내 직사광선이 들지 않는 밝은 곳에서 키운다. 직사광선을 심하게 쐬면 잎이 갈변하며 말라버리고 기력을 잃어 잘 크지 않는다. 반대로 일조량이 부족해도 생장이 멈추므로 식물 상태를 살피며 빛의 정도를 조절해야 한다.

■ 온도

▶ 추위에 약한 편이다. 7~8도에서도 버티기는 하지만 잎이 떨어지므로 기온이 최소 10도는 넘어야 잎을 계속 볼 수 있다. 특히 겨울철에는 볕이 따스하게 드는 장소에 두자.

▶ 꽃을 보려면 기온을 17도 이상으로 유지한다.

■ 물

▶ 생육기인 4~10월에는 흙 표면이 마르면 듬뿍 물을 준다. 뿌리가 두꺼워 과습에 약하므로 흙이 계속 축축하면 뿌리가 썩을 수도 있다. 반대로 건조함에는 강하지만 흙이 너무 메마르면 잎이 아래쪽부터 노랗게 물들며 떨어진다. 새잎 색깔이 어떤지도 확인하면서 물을 주자.

▶ 겨울철에는 물 주는 횟수를 줄인다. 기온이 떨어지면 성장 속도가 느려지고 뿌리에 수분이 많지 않아도 되므로 흙이 완전히 말랐을 때 물을 준다. 공기 중 습도가 높아야 좋으므로 기온이 어느 정도 유지된다면 겨울에도 분무기로 잎에 물을 뿌린다.

■ 해충

▶ 햇빛이 충분히 들지 않고 통풍이 되지 않으면 깍지벌레가 생긴다. 잎에 물을 뿌리면 예방할 수 있다.

■ 분갈이

▶ 뿌리가 많이 자라 흙에 꽉 차면 성장이 둔해지며 꽃도 잘 피지 않는다. 2년에 1번, 6~7월경에 공기가 잘 통하는 흙으로 분갈이를 해주자.

▶ 화분에서 꺼냈을 때 포기가 늘어났다면 포기나누기를 한다. 화분 하나당 2~3포기를 심으면 봤을 때 가장 예쁘다.

▶ 잎사귀 수가 적으면 분갈이를 하면서 흙에 필수 영양분이 많은 밑거름을 섞어 준다.

이제 막 열매가 맺힌 '클라리네르비움'. 열매는 다 익으면 오렌지색으로 변한다. 잎이 많을수록 꽃이 잘 핀다고 한다.

가장 흔하게 볼 수 있는 안스리움으로 꽃을 보려고 키운다. 흰색 꽃 외에도 붉은색, 초록색, 분홍색, 보라색 꽃을 피우는 원예종이 있다.

반들반들하고 큼지막한 잎이 보기 좋은 '안스리움 크라시네르비움'(A. crassinervium). 야성미와 활력이 넘치는 잎 덕분에 인기가 있다.

'레기나이'의 변종으로, 잎이 원기둥처럼 말리는 '융케아'. 깔끔한 조형 작품처럼 보인다. 형태가 단순하고 분위기가 차분한 화분에 심으면 자유롭게 쭉쭉 뻗은 잎이 한층 싱그러워 보인다.

극락조화

Strelitzia

극락조화는 품종에 따라 잎 느낌이 천차만별로 달라지는 식물이에요. 극락조화속 식물을 대표하는 '스트렐리치아 레기나이(Strelitzia reginae)'는 화사한 오렌지색 꽃으로 알려져 있으며, '알바(S. alba)'는 화려하면서 열대 지방의 분위기가 나고, 변종인 '융케아(S. reginae var juncea.)'는 개성이 강하며 세련미가 넘칩니다. 튼튼하고 잘 크며 인테리어에 어울리는 품종도 쉽게 찾을 수 있어요. 빛이 잘 드는 곳에 두면 금세 새싹이 올라와 쑥쑥 자라면서 매력을 마음껏 뽐낸답니다.

기본 정보

학명	Strelitzia		
과·속명	극락조화과 극락조화속		
원산지	남아메리카		
빛	양지	반양지	밝은 음지
물	흠뻑	보통	살짝 건조하게

잘 키우는 법

■ **빛**

▶ 직사광선을 좋아하므로 가을부터 봄까지는 빛을 마음껏 받게 해도 좋지만, 한여름에는 잎이 상하지 않도록 빛을 가려준다. 일조량이 부족하면 잎줄기가 가늘어지며 잎 전체가 늘어지기도 한다. 새싹이 나오지 않거나 힘이 없다면 일조량이 부족하다는 증거다.

■ **온도**

▶ 고온다습한 여름철 환경에 강하며 추운 겨울에도 비교적 잘 버틴다. 2~3도 정도면 실내에서 충분히 겨울을 날 수 있다.

■ **물**

▶ 뿌리 구조가 수분을 저장할 수 있는 다육질로 되어 있어 건조한 환경에 강하지만, 봄부터 가을까지는 빠르게 자라므로 흙 표면이 마르면 물을 흠뻑 준다. 추운 겨울에는 생장이 더디므로 물을 주는 횟수를 줄이고 건조한 듯하게 관리한다.

▶ 물이 부족하면 잎끝이 갈변하면서 잎이 떨어진다.

▶ 날씨가 따뜻할 때는 가끔 잎에 물을 뿌리고, 매년 1~2번은 비료를 준다.

■ **해충**

▶ 햇빛이 충분히 들지 않고 통풍이 되지 않으면 깍지벌레가 생긴다. 잎에 물을 뿌리면 예방할 수 있다.

■ **포기나누기**

▶ 새싹이 많이 올라와 식물이 제법 커지고 화분이 뿌리로 꽉 차면 포기나누기를 한다. 갈라낸 포기는 각각 번식시킬 수 있으며 물이 잘 빠지고 기름진 흙에 심으면 잘 자란다.

'니콜라이 극락조화(S. nicolai)'는 자생지에서 10미터도 넘을 만큼 크게 자라며, 흰색이나 옅은 파란색 꽃을 피운다. 러시아의 '니콜라이 1세'에서 따온 이름에 걸맞도록, 고풍스러운 꽃병에 심어 잎의 우아한 매력을 한껏 끌어올렸다.

일본에서 '논 리프(Non-leaf)'라고도 부르는 '융케아'로, 잎줄기가 펜처럼 가늘고 원기둥 모양 잎이 없거나 아주 작다. 개성이 강한 식물이므로 캐주얼한 느낌의 길쭉한 화분에 심어 실내 분위기에 잘 녹아들도록 연출했다.

자미아

Zamia

줄기는 대부분 흙 속에 묻혀 있으며 굵다란 몸통 줄기에서 잎줄기가 올라와 잎이 사방으로 펼쳐져요. 잎은 양쪽으로 여러 개가 나오고 가시가 달려 있기도 해요. 여러 해 키우면 점점 느리게 자라면서 수형을 거의 유지하므로 멋진 모습을 오래도록 볼 수 있답니다. 어린 소철은 아주 크게 자라기도 하니 상태를 잘 살피면서 분갈이를 해주세요. 실내에 장식하기도 좋은 데다가 비교적 기르기 쉬운 편이라서 초보자도 큰 부담 없이 키울 수 있어요.

'멕시코 소철(Zamia furfuracea)' 또는 '자메이카 소철(Zamia pumila)'로 불리는 이 식물은 자미아속 소철의 대표종이다. 잎이 둥그스름해 부드러운 인상을 준다. 불투명한 진초록 잎사귀에 어울리는 청록색 화분에 심어 남아메리카 분위기를 냈다. 이처럼 주제를 정해서 연출하면 식물 꾸미기가 훨씬 더 즐거워진다.

기본정보

학명	Zamia		
과·속명	소철과 자미아속		
원산지	남아메리카, 멕시코		
빛	양지	반양지	밝은 음지
물	흠뻑	보통	살짝 건조하게

잘 키우는 법

■ **빛**

▶ 사계절 내내 햇빛이 잘 드는 곳에 둔다. 일조량이 부족하면 잎이 웃자라 축 처진다.

▶ 여름에는 빛을 되도록 많이 받을 수 있도록 하고, 겨울에는 햇빛이 들어오는 창가 자리에 두면 가장 좋다.

■ **온도**

▶ 추위에 약하므로 바깥에 두었다면 겨울에는 서리를 맞지 않도록 실내로 옮긴다. 기온은 10도 이상이 적절하다.

■ **물**

▶ 건조함을 잘 견디며 과습에 약하다. 봄부터 가을에는 흙이 마르면 물을 주고 겨울에는 2주에 1번쯤 준다. 물이 부족하면 잎사귀 색이 흐려지거나 잎이 시든다.

■ **해충**

▶ 햇빛을 잘 받지 못하고 통풍 상태가 나쁘면 봄부터 가을까지 깍지벌레가 생기기도 한다. 잎에 물을 뿌려 예방할 수 있다.

■ **분갈이**

▶ 느리게 자라므로 흙에 뿌리가 꽉 차서 분갈이를 할 일은 거의 없다. 흙 속 영양분이 떨어져 나무가 기운이 없어 보이면, 4년에 1번 정도 물이 잘 빠지는 흙(적옥토, 녹소토, 모래 등을 섞음)으로 옮겨 심어준다. 포기나누기로 번식시키는 방법도 있다.

줄기 아래서부터 사방팔방 자유롭게 잎을 펼치는 '자미아 앙구스티폴리아(Z. angustifolia)'. 차분한 느낌의 단지 모양 화분에 심어 잎이 뿜어내는 생동감에 깊이를 더했다.

소형으로 가꾼 '멕시코(자메이카) 소철'로, 토끼풀처럼 생긴 잎사귀가 사랑스러워 여성에게 인기가 좋다. 점점 자라면서 잎이 길어지더라도 전체 균형을 유지할 수 있는 화분에 심었다.

'자미아 플로리다나(Z. floridana)'는 소나무나 떡갈나무숲에서 자란다. 잎은 부드럽고 유연하며 줄기는 굵직하고 울퉁불퉁하면서 절반만 땅 위로 나와 있다. 성장이 느려 마치 분재용으로 심은 식물처럼 보인다.

야자

Palmae

'야자나무' 하면 남쪽 나라 바닷가에 줄지어 서 있는 카나리아 야자가 가장 먼저 떠오르지만, 실은 원예종으로 유통되는 나무도 무척 많습니다. 내음성이 있고 성장이 빨라 실내용 식물로도 전혀 손색이 없으며 자연스럽고 세련된 그린테리어에 많이 쓰이죠. 다른 식물의 장점을 돋보이게 하는 힘이 있어 잎이 동글동글한 나무나 가시투성이 선인장과 함께 두면 더 좋답니다.

리비스토나 로툰디폴리아

학명 *Livistona rotundifolia*

속명 리비스토나속

원산지 동남아시아, 일본 오키나와

부채처럼 활짝 펼친 잎이 특징으로, 불투명한 갈색 화분에 심어 싱그러운 잎사귀를 강조했다. 깔끔한 화분에 심은 야자나무는 아시안, 유럽, 모던 인테리어 등에 두루두루 어울리며 장식 포인트로 쓰기도 좋다.

기본 정보

학명	품종별로 기재		
과명	야자나무과		
원산지	품종별로 기재		
빛	**양지**	반양지	밝은 음지
물	흠뻑	**보통**	살짝 건조하게

잘 키우는 법

■ 빛

▶ 빛이 잘 드는 곳을 좋아하지만 여름에는 직사광선을 피해 얇은 커튼을 친 창가에 둔다. 강한 햇빛을 쐬면 잎이 누렇게 변하며 탈 수 있다. 내음성이 있지만 응달에만 두면 잎사귀 색깔이 이상해지거나 해충이 생기기 쉬우므로 밝은 곳에 자리를 마련해주자.

■ 온도

▶ 너무 추우면 잎이 상하므로 겨울에도 싱그러운 잎을 보고 싶다면 기온이 5도를 넘는 곳에 두어야 한다. 추위를 견딜 수 있는 내한 온도가 품종마다 다르므로 평소에는 밖에서 키우더라도 기온이 떨어지면 추위에 약한 품종은 집 안으로 들인다.

■ 물

▶ 촉촉한 환경을 좋아하므로 겉흙이 마르면 물을 듬뿍 준다. 겨울철에는 자주 주지 않는다.

▶ 공기 중 습도가 높아야 좋으니 흙에 물을 줄 때 나무 전체에도 충분히 분무해준다. 물뿌리개로 잎 위부터 물을 부어주어도 좋다.

■ 해충

▶ 온도가 높고 습도가 낮으면 응애나 깍지벌레가, 바람이 잘 통하지 않으면 깍지벌레가 생긴다. 잎에 물을 뿌려 예방할 수 있다.

■ 분갈이

▶ 흙에 뿌리가 꽉 차서 화분 밑으로 잔뿌리가 나오거나 새순이 잘 자라지 않으면 4~6월에 분갈이를 한다. 2~3년에 1번 정도가 좋다.

병야자

학명 Hyophorbe lagenicaulis

속명 히오포르베속 **원산지** 마스카렌 제도, 모리셔스 공화국

호리병 아래처럼 불룩한 밑동과 오렌지색으로 물든 잎끝이 특징이다. 야자나무과 식물 중에서도 성장이 빠르며, 내음성이 있지만 추위에는 약해 10도 이상으로 온도를 맞추어야 한다. 불룩한 밑동 속에 수분을 모아 둘 수 있으므로 물을 많이 주지 않도록 주의한다.

카매도레아 미크로스파딕스

학명 Chamaedorea microspadix

속명 카매도레아속

원산지 라틴아메리카, 열대 아메리카

줄기가 하나만 나오는 소형 나무다. 야자나무과 중에서는 추위에 강하지만 서리를 맞지 않도록 겨울에는 실내에서 키운다. 잎맥을 끼고 날개처럼 펼쳐진 잎에 어울리도록 무늬가 정교하고 높다란 화분에 심어 깔끔하게 연출했다.

카매도레아 테넬라

학명 Chamaedorea tenella

속명 카매도레아속 원산지 라틴아메리카

'테넬라'는 라틴어로 '부드럽고 섬세하다'라는 뜻이다. 야자나무속 중에서는 내음성, 내한성, 내건성이 있는 편이며 해충에도 강해 키우기 쉽다. 빛을 어느 정도는 가려주어야 잎사귀의 금속 광택이 뚜렷해진다. 초록빛 잎과 오렌지색 꽃봉오리가 멋진 대조를 이룬다.

레인하르티아 그라킬리스

학명 Reinhardtia gracilis

속명 레인하르티아속

원산지 중국, 열대 아메리카

일본에서는 '아메리카 그물 야자'라고 부르는데, 잎 가운데가 그물처럼 뚫려서 붙은 이름이다. 한때는 일정량이 생산되었지만 요즘에는 보기 힘들다. 나란히 뻗은 섬세한 잎이 돋보이도록 단순한 형태의 화분을 골랐다.

부채야자

학명 Chamaerops humilis

속명 카매롭스속

원산지 중국 남부, 일본(주로 규슈 남부)

내한성이 있어서 기후가 온난한 일부 지역에서는 밖에서 겨울을 날 수 있다. 습도가 낮거나 높아도 잘 견디고 양지와 음지를 가리지 않으며 염분에도 잘 견디는 내조성이 있어 바닷가에서도 살 수 있는 굉장히 강한 품종이다. 은빛과 푸른빛이 감도는 잎이 깔끔하며 나무 분위기가 편안해 실내를 세련된 느낌으로 꾸며준다.

Chapter

2

분위기가 부드럽고 편안한 식물들

쉐플레라

Schefflera

튼튼하게 자라며 품종이 다양하고 유통량도 많은 식물이에요. 줄기가 부드럽고 쑥쑥 잘 커서 여러 형태로 키울 수 있답니다. 반듯하게, 하늘거리게, 존재감 있게, 부드럽게 등 수형을 취향껏 만들 수 있어 인테리어에 맞추기 쉽다는 점도 매력입니다. 대체로 양달을 좋아하지만 빛이 조금 덜 들어도 쑥쑥 자라 주는 대견한 식물이에요.

'쉐플레라'라고 하면 보통은 '쉐플레라 아르보리콜라(Schefflera arboricola)'를 뜻한다. 수시로 가지를 다듬어 수형을 깔끔하게 정돈했다면 깔끔하면서 멋스러운 화분에 심어보자. 식물과 화분이 마치 하나처럼 잘 어우러진다.

기본 정보

학명	Schefflera		
과·속명	두릅나무과 쉐플레라속		
원산지	중국 남부, 대만		
빛	양지	반양지	밝은 음지
물	흠뻑	보통	살짝 건조하게

잘 키우는 법

■ 빛

▶ 햇빛이 충분히 들고 통풍이 잘 되는 곳을 좋아하지만, 여름철 직사광선은 직접 받지 않도록 한다. 내음성이 있어 장소를 크게 가리지는 않지만, 채광과 통풍이 좋지 않으면 응애가 생겨 줄기가 약해지고 잎이 떨어진다. 성장에 필요한 만큼은 빛을 받아야 한다.

▶ 그늘에 있던 식물을 갑자기 양달로 옮겨 직사광선을 쬐게 하면 잎이 탈 수 있다. 시간을 들여 자리를 조금씩 바꾸어주자.

■ 온도

▶ 내한성이 있는 편이라 기후가 온난한 일부 지역에서는 밖에서 겨울을 날 수 있지만, 잎이 상하므로 겨울철에는 실내에서 키워야 한다.

■ 물

▶ 흙 표면이 마르면 물을 흠뻑 준다. 건조함에도 강하므로 물을 적은 듯하게 주면 줄기에 힘이 생기면서 탄탄해진다.

▶ 겨울에는 흙이 잘 마르지 않으므로 물을 주는 횟수를 줄인다. 공기가 건조하다면 온도가 낮지 않은 오전 시간대에 잎에 물을 분무해준다.

▶ 생육기인 여름철에는 물이 부족하지 않도록 관리해야 한다.

■ 해충

▶ 빛이 잘 들지 않고 통풍이 안 되며 공기가 건조하면 응애가 생기기 쉽다. 해충은 발견한 즉시 없애야 하며, 그대로 두면 양분을 빼앗겨 식물이 말라 죽는다. 잎에 물을 뿌려 예방할 수 있다.

■ 가지치기

▶ 1년 내내 가능하다. 성장 속도가 빠르고 곧게 자라므로 가지 전체가 고르지 않거나 하나만 너무 많이 자란다면 바로 다듬어주자.

▶ 꽃이 피었을 때는 영양분이 꽃에 집중되므로 진딧물이 금방 생긴다. 튼튼하게 키우려면 꽃을 오래 두지 않고 꽃자루째 잘라내는 것도 방법이다.

'아르보리콜라'를 가꿀 때는 큰 가지를 줄여 잔가지를 만들면 전체적으로 풍성해지면서 부드러운 느낌을 준다. 모양이 단순하고 자연 소재로 만든 화분에 심어 편안한 분위기를 자아냈다.

처음에는 다른 곳에 붙어살다가 흙에 뿌리를 내리는 반착생 식물인 '치비스케(S. sp. Chibisuke)'는 가지에서 공기뿌리가 잔뜩 나오는 품종이다. 골동품 느낌의 집수기(빗물 등을 모으는 기구)를 활용해 자연 속에서 사는 모습으로 연출했다. 소형 쉐플레라로 잎과 가지가 가늘어 장식하기에 좋다.

여러 가지 쉐플레라

쉐플레라는 '홍콩 야자'로 알려진 쉐플레라 홍콩(S. arboricola Hong Kong) 등 다양한 종류가 유통되고 있습니다. 72쪽에서 자세히 소개하겠지만, '투피단서스'로 알려진 '퓨클러 쉐플레라(S. Pueckleri)'도 쉐플레라의 일종이죠. 크기, 수형, 잎이 주는 느낌에 따라 분위기가 달라지는 쉐플레라는 어디에나 잘 어울리는 식물이랍니다. 나무 자체가 깔끔하면서 지나치게 튀지 않아 화분을 바꾸어가며 다양하게 연출할 수 있어요. 쉐플레라 종류를 키우는 기본적인 방법은 67쪽을 참고해주세요.

레나타 (S. arboricola Renata)

아르보리콜라의 일종으로 끝이 살짝 갈라진 작고 귀여운 잎이 달린다. 줄기를 살짝 구부리고 가지를 다듬어 앤티크 화분에 심으면 소형 분재 같은 분위기를 낼 수 있다.

무늬 레나타 (S. arboricola Renata Variegata)

무늬종은 초록색 잎 품종보다 섬세하므로 일조량과 통풍을 잘 관리해야 한다. 잎의 노란색과 화분의 까만색이 대조 효과를 이루어 차분한 인테리어에도 잘 어울린다.

[왼쪽 사진]

스타 샤인 (S. arboricola Star Shine)

동남아시아와 필리핀에서 온 품종이다. 문양이 독특한 에메랄드그린색 화분과 콩꼬투리 같은 잎이 어우러져 개성 있고 우아해 보인다. 올록볼록한 잎사귀가 매력적이지만 옴폭한 부분에 깍지벌레가 생기기 쉬우므로 잎에 물을 분무해준다.

앙구스티폴리아 (S. Angustifolia)

가느다란 잎이 세련된 인상을 준다. 분위기가 깔끔하면서 동양적이며 화분 분위기에 따라 고급스러운 인테리어에도 잘 어울린다.

옐로 웨이브 (S. arboricola Yellow Wave)

잎에 노란색 무늬가 있는 품종이다. 녹색 잎 화초들 사이에 놓아 포인트를 주면 전체적으로 균형이 잡힌다. 그린테리어에서 요긴한 식물이다.

콤팍타 (S. arboricola Compacta)

쉐플레라가 자라는 방식을 고려하면서 뿌리가 휘고 굽어지도록 매만졌다. 흐르듯 뻗어 올라간 중간 가지와 굽은 뿌리의 대조가 멋지다. 가지가 돋보이도록 모양이 단순한 화분에 심었다.

퓨클러 쉐플레라

S. pueckleri

투피단서스로 알려진 퓨클러는 쉐플레라의 일종으로 잎은 진한 녹색이고 큼직하면서 부드럽습니다. 성장이 빠르고 줄기를 두툼하게 만들거나 굽힐 수 있어서 독특한 수형을 좋아하는 사람에게 딱 맞는 식물이죠. 일본에서는 줄기를 구부려 수형을 특이하게 가꾼 나무가 여럿 유통되고 있답니다. 빛이 잘 드는 곳에 두기만 해도 쑥쑥 자라니 가끔은 가지치기를 해서 고르게 다듬어주세요.

줄기나 가지가 뿌리보다 아래로 처지게 가꾸는 분재 기법을 썼다. 절벽에서 자라는 모습을 연출하듯 높직한 곳에 두면 전체 흐름이 아주 자연스럽게 보인다.

기본 정보

학명	Schefflera pueckleri		
과 · 속명	두릅나무과 쉐플레라속		
원산지	인도, 말레이반도, 열대 아시아		
빛	양지	반양지	밝은 음지
물	흠뻑	보통	살짝 건조하게

잘 키우는 법

■ 빛

▶ 빛이 잘 들어오는 실내가 가장 좋다. 여름에는 직사광선을 피해야 하며 얇은 커튼 너머로 햇빛이 비치는 곳에 둔다. 그늘에 둔 채 물을 많이 주면 줄기와 잎이 웃자라며 뿌리가 썩을 수도 있다. 응달에 오래 두면 좋지 않으며 새싹이 잘 나오지 않으면 자리를 옮겨주자.

■ 온도

▶ 여름철 고온다습한 기후에는 강하지만 실내에서 키운다면 가지 등이 무르지 않도록 통풍에 신경을 쓴다. 추위에는 약하므로 실외에 화분을 두었다면 10월 하순에는 빛이 잘 들고 밝은 실내 자리로 옮긴다.

■ 물

▶ 봄부터 가을까지는 흙 표면이 마르면 듬뿍 준다. 겨울에는 흙이 잘 마르지 않으므로 평소보다 횟수를 줄인다. 추위에 약하므로 물을 많이 주면 나무에 한기가 든다. 물을 주거나 잎에 물을 뿌리려면 저녁이 아니라 비교적 따뜻한 날의 오전 시간대가 좋다.

▶ 식물을 그늘에 두고 물을 너무 많이 주면 뿌리가 썩기도 한다. 흙이 얼마나 말랐는지 살피면서 잎이 처질 때쯤 주도록 하자.

■ 해충

▶ 채광과 통풍이 좋지 않고 공기가 건조하면 응애나 깍지벌레가 생기기 쉽다. 해충은 보통 새순에 잘 나타나므로 이미 생겼다면 새싹째 제거한다. 분무기로 잎에 물을 뿌려 예방할 수 있다.

■ 분갈이

▶ 생육기인 5~9월에 옮겨 심는다. 화분에서 꺼냈을 때 뿌리 자람새가 좋지 않거나 종류가 다른 흙에 심을 때는 분갈이를 한 뒤에 어떤 자리에 둘지가 중요하다. 여름에는 직사광선은 닿지 않고 햇빛이 잘 들어오는 자리에 두자.

■ 가지치기

▶ 가지 사이가 지나치게 좁거나 새잎이 너무 빨리 자라 전체 균형이 흐트러졌다면 가지치기를 한다. 가지와 잎이 얽힌 자리를 찾아 잘라내면 바람이 잘 통하고 해충도 예방할 수 있다. 생장점이 하나뿐이라면 쭉쭉 잘 자라는 가지를 찾아 잎이 달린 곳의 윗부분을 자르면 그 자리에서 다시 새싹이 나온다.

본줄기가 똑바로 자라게 두다가 분기점에서 가지를 친 대품 화초. 숲속 나무를 떠오르게 하는 수형이 고급스럽다. 독특하면서도 오래된 목재 틀에 심으면 실내에 장식하기 좋다.

줄기가 유연한 퓨클러 쉐플레라에서 가장 일반적인 수형이다. 비슷한 방법으로 다듬어도 나무에 따라 분위기가 모두 다르다. 사진 속 나무처럼 맨 위쪽 잎만 유독 크다면 가지치기를 한다. 잔가지가 갈라져 나오면서 원래 잎보다 조금 작은 잎이 돋는다.

파키라

Pachira

튼튼하고 키우기 쉬워 꾸준히 사랑받는 식물입니다. 성장 속도가 빠르고 본줄기 옆으로 곁순이 잘 돋아나 줄기를 두툼하게 만들거나 구부리는 등 수형을 마음대로 만들 수 있어요. 줄기를 하나만 호리호리하게 뻗게 할 수도 있고, 굵고 웅장한 느낌으로 다듬을 수도 있어 장식할 수 있는 인테리어 폭이 넓답니다. 해충에 강하고 가지치기를 한 뒤에도 잘 적응하며 내음성까지 갖추고 있으니 실내용 식물로는 더할 나위가 없습니다. 줄기 끝에서 새 가지와 잎이 금방 자라니 부지런히 다듬어주세요.

잎이 위장 무늬처럼 얼룩덜룩한 '밀키웨이(P. glabra Milky Way)'. 줄기들이 부드러운 곡선을 그리며 얽힌 모습이 매력적이다. 직사광선을 피하면서 일조량만 잘 관리해주면 환경에 민감한 무늬종 중에서는 키우기 쉬운 편이다.

기본 정보

학명	Pachira		
과·속명	물밤나무과 파키라속		
원산지	열대 아메리카		
빛	양지	반양지	밝은 음지
물	흠뻑	보통	살짝 건조하게

잘 키우는 법

■ 빛

▶ 1년 내내 직사광선을 받지 않도록 한다. 응달에서도 자라지만, 빛이 너무 없으면 가지와 잎이 웃자라면서 전체 균형이 무너지고 해충이 생기기도 한다.

▶ 가을부터 봄까지는 밝은 곳에 둔다. 직사광선을 쬐면 잎이 탈 수 있으므로 오전에는 양달, 오후에는 응달이 되는 자리 또는 온종일 반그늘에만 둔다.

■ 온도

▶ 온도와 습도가 높은 여름에도 잘 버티지만 줄기 등이 무르지 않도록 바람을 잘 쐬어준다. 겨울에는 따뜻한 실내에 두어야 건강한 잎을 볼 수 있다. 잎 상태가 나빠진다면 자리를 옮겨주자.

■ 물

▶ 생육기인 5~9월에는 겉흙이 마르면 듬뿍 준다. 흙이 약간 건조한 상태에서 물 주는 간격을 차츰 넓히다가 흙 표면이 바싹 말랐을 때 흠뻑 적시듯 주면 좋다. 가을부터 겨울에는 물 주는 횟수를 조금씩 줄이고 한겨울에는 흙이 마르고 2~3일이 지나면 물을 준다. 한겨울에도 기온이 15도가 넘는 곳에 화분을 두었다면 평소대로 물을 준다. 과습이 되지 않도록 주의하자.

■ 가지치기

▶ 뿌리가 너무 많이 자라 흙 속에 꽉 차면 밑동부터 잎이 떨어지기도 한다. 이럴 때는 잎이 떨어진 가지를 잘라내어 다른 화분에 옮겨 심자. 새싹이 너무 빨리 자라서 전체 균형이 무너졌을 때도 가지치기를 한다. 쑥쑥 잘 자라는 식물이므로 어디를 잘라내도 금세 곁순이 올라온다.

몸통 줄기를 굵직하게 키운 수형. 전체적으로 마름모꼴이 되게끔 화분을 골랐다. 원래 크게 자라는 식물이므로 소품 화초에서 잎이 크게 자라기도 하는데, 가지치기를 수시로 하면 다시 새잎이 나오면서 균형이 잡힌다.

줄기가 휘어져 올라오다가 곧게 뻗은 수형. 오랫동안 가지치기를 거듭하면서 만든 형태로, 파키라만의 매력이 잘 살아 있다. 소재와 모양이 단순한 화분 덕택에 나무의 섬세한 매력이 한결 돋보인다.

벤자민 고무나무

Benjamina

자그마한 잎이 풍성하게 나며 부드럽고 섬세한 분위기가 감도는 무화과나무속 식물입니다. 잎 무게로 가지가 축 처지기 전에 그때그때 늘어난 잎사귀를 정리하면서 본줄기가 두꺼워지도록 수형을 다듬으면 전체적인 균형이 잡혀요. 키우기 쉬운 나무이지만 자주 화분을 옮기거나 식물에 맞지 않는 곳에 두면 환경에 적응하려고 갑자기 잎을 떨구기도 합니다. 이럴 때는 새잎을 낼 수 있는 자리를 잘 찾아주세요.

잎사귀 색이 아주 짙은 초록빛이라 일본에서는 '블랙'이라고 불리는 품종이다. 뿌리 가까이에서 가지가 나뉘면서 전체적으로 잎이 무성해진다. 대지를 상징하는 화분은 희고 무게감이 있는 것으로 골랐다. 잎이 한결 연하고 부드러워 보인다.

기본 정보

학명	Ficus benjamina		
과·속명	뽕나무과 무화과나무속		
원산지	열대 아시아, 인도		
빛	양지	반양지	밝은 음지
물	흠뻑	보통	살짝 건조하게

잘 키우는 법

■ **빛**

▶ 햇빛을 좋아하므로 되도록 빛이 잘 드는 곳에 둔다. 한껏 빛을 받으면 잎사귀에 반질반질 윤이 나면서 나무도 튼튼해진다. 생육기인 봄부터 가을까지는 해가 잘 든다면 밖에서도 키울 수 있다.

▶ 밝은 곳에서 어두운 곳으로 옮기는 등 급작스레 환경이 바뀌면 잎이 떨어진다. 상태를 잘 살피면서 조금씩 자리를 바꾸어주자.

■ **온도**

▶ 추위에 약하므로 밖에서 키운다면 10월 중에는 집 안으로 들여 따뜻한 곳에서 키운다.

■ **물**

▶ 봄부터 가을까지는 겉흙이 마르면 흠뻑 젖도록 준다. 새순이 돋는 봄부터 여름까지는 물이 부족하지 않도록 한다. 가끔 분무기로 잎에 물을 뿌려주자. 겨울에는 흙 표면이 마르고 2~3일 뒤에 물을 주는 등 건조한 듯하게 관리한다.

■ **해충**

▶ 채광과 통풍이 나쁘면 응애나 깍지벌레가 생기기도 한다. 잎에 물을 뿌려 예방할 수 있다.

▶ 해충은 식물의 영양분을 빨아먹을 뿐 아니라 분비물을 내뿜어 그을음병을 일으키기도 한다. 잎 겉면에 끈적거리는 점액 물질이 묻어 있다면 곧바로 살충제를 뿌린다. 일조량을 관리하면서 바람이 잘 통하게 해야 한다.

■ **분갈이**

▶ 나무가 제법 크게 자랐다면 5~7월에 원래 화분보다 약간 더 큰 화분으로 옮겨 심는다. 2~3년에 1번 정도가 좋으며 물이 잘 빠지지 않는다면 분갈이를 해야 한다. 뿌리가 흙에 꽉 들어차면 아래쪽 잎이 떨어진다.

■ **가지치기**

▶ 성장이 빠르며 가지를 잘라도 금방 적응하므로 틈날 때마다 가지치기를 해준다. 나무가 고르게 자라고 바람이 잘 통하도록 잔가지를 치되, 잎이 난 자리에서 위쪽을 자른다.

▶ 새잎이 지나치게 많이 나면 먼저 난 잎이 노랗게 변하며 떨어진다. 쭉 뻗었거나 억센 잎이 있는지 살피면서 잘라내자.

연둣빛 잎사귀가 나는 품종. 둥그스름하게 가지치기를 하면서 나무 본연의 수형을 살렸다. 줄기가 중간에서 살짝 'ㄴ' 모양으로 구부러졌다면 색도 모양도 안정감이 드는 화분이 좋다. 벤자민 고무나무는 잎이 풍성해 공간을 나누는 칸막이로도 쓸 수 있다.

잎사귀에 흰 무늬가 들어간 소품 화초. 무늬종은 환경에 민감하므로 가을부터 봄까지는 빛이 잘 드는 곳에 두고 여름에는 직사광선을 가려준다. 실내 분위기를 산뜻하고 고급스럽게 연출하고 싶을 때 두기 좋다.

부드럽게 휘어진 가느다란 줄기 한쪽에만 잎이 우거지도록 수형을 만들면 방 모퉁이에 두기 좋을뿐더러 실내 가구와도 잘 어울린다. 표면이 반짝거리는 푸른색 화분에 심어 깔끔하게 연출했다.

반들 고무나무

Ficus microcarpa

국내에서 '대만 고무나무'라는 이름으로 유통되는 식물입니다. 자생지에서는 줄기에서 공기뿌리가 잔뜩 나온다고 해요. 키도 20미터까지 자라서 나무의 정령이 사는 성스러운 나무로 알려져 있고요. 반면 원예종은 키나 줄기 굵기 등이 아주 다양하답니다. 공기뿌리를 내어 수분을 흡수하지만, 물을 많이 주면 좋지 않아요. 햇빛이 잘 드는 곳에 화분을 두고 흙이 말랐을 때 물을 흠뻑 주면 건강하게 자란답니다.

기본정보

학명	Ficus microcarpa		
과·속명	뽕나무과 무화과나무속		
원산지	동남아시아~대만, 일본 오키나와		
빛	양지	반양지	밝은 음지
물	흠뻑	보통	살짝 건조하게

잘 키우는 법

■ 빛

▶ 햇빛과 바람을 좋아하므로 봄에서 가을까지는 양지바른 곳에 두면 탄탄하게 자란다. 늦가을에는 집 안으로 들여 빛이 잘 드는 자리에 둔다. 일조량이 적으면 줄기가 웃자라거나 잎사귀 색과 광택이 나빠지다가 잎이 떨어지니 이런 신호를 보인다면 자리를 바꾸어주자.

■ 온도

▶ 추위를 견딜 수 있는 내한 온도는 5~6도이며 5도 아래로 떨어지면 잎이 노랗게 바랜 채 떨어지므로 겨울철에는 실내에서 키운다. 잎이 졌더라도 일정 기온을 유지하면서 습도를 높게 맞추면 봄에 새잎이 나오면서 파릇파릇하게 살아나기도 한다.

■ 물

▶ 성장기인 봄부터 가을까지는 특히 쑥쑥 잘 자라므로 물을 많이 주어야 한다. 기본적으로는 겉흙이 마르면 속까지 적시듯 듬뿍 준다. 수분이 부족하면 나무 윗부분부터 잎이 시들기 시작하므로 잘 살펴보자.

▶ 공기 중 습도를 높일 때는 분무기로 잎에 물을 흠뻑 뿌린다.

▶ 일조량이 부족할 때는 물을 조금만 준다. 새순이 얼마나 나오는지를 살피면서 자리를 바꾼다.

■ 분갈이

▶ 물이 더디게 빠지거나 뿌리가 흙에 꽉 차 화분 아래로 뿌리가 나온다면 분갈이를 한다. 다른 식물보다 뿌리가 화분에 금방 들어차는 편이므로 2년에 1번은 뿌리 상태를 확인해보자.

■ 가지치기

▶ 원래 크게 자라는 나무이므로 전체 수형을 잘 관찰하다가 5~6월에 가지치기를 한다. 잔가지가 늘어나면서 나무가 풍성해지고 안정적으로 보인다. 가느다란 가지를 찾아 잎이 난 곳 위에서 자르면 그 자리에서 새싹이 나온다.

▶ 유독 힘 있게 뻗는 가지가 있으면 수형이 무너지므로 잎을 1~2장만 남기고 자른다. 어지럽게 얽힌 가지 또는 다른 가지가 못 자라게 막는 튼실한 가지는 줄기나 본가지와 이어진 부분에서 쳐낸다. 다른 가지도 전체의 1/2~1/3 길이로 보기 좋게 잘라 전체적으로 바람이 잘 통하도록 공간을 만들어준다.

잎이 도톰하고 갸름한 '판다(F. microcarpa Panda)', 대중적인 '센카쿠(F. microcarpa Senkaku)'에서 돌연변이로 나타난 둥근 잎 나무를 상품화했다. 가지치기 방식, 구부러진 수형, 공기뿌리에 반들 고무나무만의 매력이 잘 살아 있다.

자생지에서 거대하게 자라는 모습을 소품화초로 표현했다. 크기는 아담하지만 광활한 자연이 오롯이 담겨 있다. 가지만 길게 자라지 않도록 틈틈이 다듬으면 분재 느낌으로 키울 수 있다.

구불거리는 수형이 아름다운 '프루티코사' 대품. 가지가 아직 어려 초록색일 때 수형을 만들면 그 나무만의 분위기를 낼 수 있다. 하늘거리는 잎사귀와 흙 재질의 화분이 멋지게 어우러진다.

폴리스키아스

Polyscias

세련된 실내 공간에 자연스럽게 어우러지는 식물로 주로 봄부터 가을 사이에 유통됩니다. 흔한 식물이 아니라서 최근 주목을 받고 있답니다. 가장 잘 알려진 품종은 '프루티코사(Polyscias fruticosa)'예요. 잘게 칼집을 낸 듯한 잎사귀가 특징으로, 섬세한 잎이 우거지면 숲속 나무 같은 느낌을 줍니다. 햇빛을 좋아하지만 그늘에도 잘 적응한답니다. 추위에 약하니 겨울철이나 화분을 응달에 두었을 때는 물을 적게 주세요.

기본 정보

학명	Polyscias		
과·속명	두릅나무과 폴리스키아스속		
원산지	열대 아시아, 폴리네시아		
빛	양지	반양지	밝은 음지
물	흠뻑	보통	살짝 건조하게

잘 키우는 법

빛

빛을 좋아하므로 봄에서 가을까지는 밖에서도 키울 수 있지만 한여름 햇빛은 가려주어야 한다. 실내에서 키우던 식물이 갑자기 직사광선을 받으면 잎이 탈 수 있다. 겨울에는 되도록 빛이 잘 드는 따뜻한 실내에 둔다.

양달에서 응달로 자리를 옮기는 등 환경을 바꾸면 오래된 잎이 떨어지지만, 새로운 환경에 잘 적응하는 편이므로 평소대로 물을 주면서 상태를 지켜보자. 환경에 익숙해지면 새잎이 나오므로 적응 여부를 알 수 있다.

온도

20도 정도의 따뜻한 곳이 좋으며, 추위에 약한 편으로 내한 온도는 10도 이상이다. 온도가 급격하게 바뀌면 식물에 좋지 않으므로 화분을 단번에 추운 곳으로 옮기지 않는다. 겨울철에는 따스한 양달에 둔다.

물

여름에는 물을 많이 빨아들이므로 겉흙이 마르면 듬뿍 준다. 더워지면 가끔 분무기로 잎에 물을 뿌린다.

겨울에는 온도가 내려가면서 갑자기 수분 흡수를 멈춘다. 과습이 되지 않도록 흙 표면이 얼마나 말랐는지 살펴보면서 물을 주는 간격을 조절한다. 물을 줄 때는 온도가 비교적 높은 오전 중이 좋다. 응달에서 키울 때도 물은 자주 주지 않는다.

해충

봄부터 가을까지는 응애, 깍지벌레, 가루깍지벌레가 생길 수 있다. 공기가 건조한 실내에서는 특히 응애가 잘 생기므로 수시로 잎에 물을 뿌리거나 젖은 천으로 잎을 닦으면 예방할 수 있다.

가지치기

봄에 가지를 쳐내 수를 줄이면, 바람이 골고루 통해 해충도 덜 생기고 식물이 고르게 클 수 있다. 새싹이 나거나 줄기에서 곁눈이 곧잘 나오므로 여분의 싹은 잘라내야 한다.

잎사귀가 마치 잘게 칼집을 낸 것처럼 생겼다. 폴리스키아스란 그리스 말로 '많다(폴리)'와 '그림자(스키아스)'의 합성어다.

줄기가 곧게 자란 '프루티코사' 중품 화초. 자연적인 수형이라 쉽게 다듬을 수 있지만 잎의 무게감과 잔가지에 주의한다. 잎이 더 우거져도 어울리도록 안정적이고 커다란 화분을 골랐다.

초소형 화초로 왼쪽은 '스노우 프린세스(P. Snow Princess)', 오른쪽은 '버터플라이(P. balfouriana Butterfly)'다. 줄기가 부드럽게 구부러지는 폴리스키아스의 특징이 양쪽에 모두 살아 있다.

에버후레쉬

Pithecellobium

낮에는 잎을 펼치고 밤에는
오므리는 특징이 있어요.
부드럽고 섬세해 보이지만
그윽한 매력이 있어 내추럴, 모던,
앤티크 등 어떤 인테리어에도
무난하게 어울립니다. 한 그루가
제법 크고 양달을 좋아하므로
여름에는 실외에서 키울 수
있지만 10월 말에는 실내로
들여주세요. 환경에 익숙해지면
응달에서 움이 트기도 한답니다.
생육기에는 물을 듬뿍 주고
통풍이 잘 되는 곳에 둡니다.

가장 대중적인 수형으로, 줄기가 부드럽게
곡선을 그린다. 산뜻한 느낌의 흰색 화분
덕택에 연초록빛 잎이 돋보인다.

기본 정보

학명	Pithecellobium confertum		
과·속명	콩과 피테켈로비움속		
원산지	말레이 지역, 수마트라섬, 남아프리카, 아마존 일대		
빛	양지	반양지	밝은 음지
물	흠뻑	보통	살짝 건조하게

잘 키우는 법

■ 빛

▶ 햇빛을 좋아하므로 빛이 잘 들고 밝은 곳에 둔다. 그늘에도 적응만 하면 자랄 수 있지만 일조량이 부족하면 해충이 생기기 쉽다.

■ 온도

▶ 추위에 약하므로 겨울에는 10도 이상의 따뜻한 실내에서 키운다. 여름에는 밖에서도 잘 자란다.

■ 물

▶ 겉흙이 마르면 듬뿍 준다. 보통은 낮에 잎을 펼치고 밤에 오므리지만, 물이 부족하면 수분 증발을 막으려고 낮에도 잎을 열지 않는다.

▶ 온도가 높을 때는 가끔 잎에 물을 뿌려준다.

■ 해충

▶ 채광과 통풍이 나쁘면 깍지벌레가 생긴다. 분무기로 잎에 물을 뿌려 예방할 수 있다.

▶ 물 부족으로 나무가 약해지면 금방 나타난다. 해충은 발견하는 즉시 제거한다.

■ 분갈이

▶ 잔뿌리를 많이 내리므로 화분 아래로 뿌리가 비어져 나오거나 물이 잘 안 빠지면 2~3년에 1번은 다른 화분에 옮겨 심는다.

■ 가지치기

▶ 돋은 지 오래되어 아래로 처진 잎을 쳐내면서 부피를 줄인 뒤, 새잎만 남겨 잎들이 위쪽을 보게 한다. 잔가지가 늘어나면 수형을 다듬기 좋다. 가지치기를 하면 줄기가 조금씩 굵어지면서 나무에 웅장한 멋이 감돈다.

소품 화초도 인기가 있지만, 나무가 작으면 수분이 금방 날아가므로 물 관리가 어렵다. 일조량과 통풍 조건에도 예민해 대품보다 신경 쓸 것이 많다.

꾸준히 가지치기를 하면서 줄기를 두껍게 가꾸었다. 에버후레쉬는 양옆으로 펼쳐지는 수형이 특징이므로 길쭉한 화분에 심으면 전체 비율이 잘 맞는다. 저녁 시간이라 슬슬 잎을 오므리려는 모습이다.

새싹은 갈색 털이 나고 만지면 보들보들하다. 나무를 다듬을 때는 이 새싹 위쪽으로 자란 가지를 자른다.

소포라 리틀 베이비

Sophora Little baby

우리나라에서 '고삼속'이라고 부르는 소포라속 식물은 전 세계에 약 50종류가 있습니다.
'리틀 베이비'는 뉴질랜드에서 태어난 '소포라 프로스트라타'의 원예 품종으로, '마오리 소포라'라는 이름으로 불리기도 한답니다. 요리조리 뻗는 가지와 앙증맞은 잎사귀가 매력이며 내추럴 인테리어에도 잘 어울립니다.
품종의 본래 성질을 가진 씨인 원종(어미씨)은 2미터까지 자라지만 유통되는 품종은 대체로 크기가 작고 봄부터 초여름 사이에 오렌지빛이 도는 노란색 꽃을 피웁니다.

가지가 자라고 나뉘는 모습에서 자연의 힘이 느껴진다. 추위에도 강한 편이라 쉽게 기를 수 있다.

기본 정보

학명	Sophora prostrata 'Little baby'		
과·속명	콩과 고삼속		
원산지	뉴질랜드		
빛	양지	반양지	밝은 음지
물	흠뻑	보통	살짝 건조하게

잘 키우는 법

빛

▶ 사계절 내내 빛이 충분히 들고 바람이 잘 통하는 곳에서 키워야 한다.

온도

▶ 추위에 강하므로 뿌리가 자리를 잡았다면 실외에서 겨울을 날 수 있다. 하지만 서리를 심하게 맞으면 좋지 않으니 한랭지에서는 실내에 들여야 한다.

▶ 여름철 무더위에 약해서 줄기나 잎이 곧잘 무르므로 통풍에 신경을 쓴다.

물

▶ 흙 표면이 마르면 듬뿍 준다. 겨울에는 물을 주는 간격을 넓히면서 살짝 건조하게 관리한다.

기타

▶ 물이 잘 빠지는 흙에 심는다.

▶ 해충은 거의 생기지 않지만 날씨가 무더운 여름에는 바람이 잘 통하는 곳에 두어야 무르지 않는다.

▶ 비료를 많이 주면 잎사귀가 커지므로 양을 조절한다.

보기 드물게 크게 자란 대품 화초로, 가지가 자연스럽게 뻗으면서 이룬 수형이 독특하다. 단순한 형태의 구리 화분에 심으면 자그마한 잎들이 더욱 돋보인다.

지그재그로 이어진 가지 마디에서 새잎이 돋아났다. 앙증맞은 모습에 마음이 편안해진다.

싱고니움

Syngonium

자생지인 정글에서는 울창한 나무 그늘 밑에서 다른 식물들과 얽혀 자라요. 잎을 살포시 내려뜨린 모습과 화사한 잎사귀 색깔이 특징이며 높직한 화분에 심으면 잎들이 그려내는 곡선이 더욱 근사하게 보입니다. 직사광선을 받으면 잎이 타고 일조량이 부족하면 바로 생기를 잃지만, 환경만 잘 맞으면 특별히 관리하지 않아도 튼튼하고 예쁘게 자라 준답니다.

· 품종에 따라 잎 색깔이나 무늬가 모두 다르다. 색 배합을 고려하면서 여러 종류를 한데 모아 장식해도 좋다.

기본 정보

학명	Syngonium		
과·속명	천남성과 싱고니움속		
원산지	열대 아메리카		
빛	양지	반양지	밝은 음지
물	흠뻑	보통	살짝 건조하게

잘 키우는 법

■ 빛

▸ 1년 내내 얇은 커튼을 친 창가처럼 밝은 곳에 둔다.

▸ 강한 직사광선을 받으면 잎이 타고, 햇빛이 너무 적으면 잎이 자그맣게 나고 줄기가 웃자라면서 연약해지므로 바로 자리를 옮겨야 한다. 일조량이 적당한지는 잎사귀 상태로 알 수 있으니 주의 깊게 살펴보자.

■ 온도

▸ 고온다습한 환경에서도 잘 버티지만 바람이 얼마나 통하는지가 중요하다. 추위에는 매우 약하므로 최저 7도가 넘는 곳에서 겨울을 나야 한다. 식물에 한기가 들면 밑에서부터 잎이 시들고 줄기 상태가 나빠지므로 겨울에는 반드시 따뜻한 실내에 둔다.

■ 물

▸ 생육기인 봄부터 가을까지는 물을 아주 많이 빨아들이므로 겉흙이 마르면 흠뻑 주되 지나치면 좋지 않다. 특히 일조량이 부족할 때 물을 많이 주면 웃자랄 수 있다.

▸ 겨울에는 물 주는 횟수를 줄이고, 흙 표면이 마르고 며칠 지나서 주어야 한다. 잎이 아래로 처지면 물이 필요하다는 뜻이다.

▸ 오랫동안 물을 주지 않으면 잎이 상하므로 때맞추어 물을 준다.

■ 포기나누기

▸ 포기가 제법 늘어나면 생육기인 5~9월에 여러 개로 나누어 심는다.

■ 기타 사항

▸ 새잎이 나오면 오래된 잎이 시들기 시작하므로 잘라낸다.

덩굴성 식물이므로 줄기가 부풀 듯 퍼지다가 조금씩 처진다. 잎은 모두 햇빛을 향하므로 가끔 화분 방향을 바꾸어주면 전체적으로 균형 있게 자란다. 풍성한 잎과 잘 어울리는 화분에 심어두면 어느새 줄기가 너울지며 내려온다.

고사리식물

Fern and fern allies

잔잔한 햇살과 잘 어울리는 고사리식물은 종류가 아주 많습니다. 잎이 풍성하고 색감도 아름다워서 인테리어 소품으로 두기도 좋답니다. 고사리식물을 키울 때는 주변에 햇빛이 늘 부드럽게 들어오고 바람이 살랑거리도록 관리해주세요. 이런 환경은 사람에게도 쾌적하고 편안하게 느껴질 거예요. 물을 좋아하는 식물이므로 바싹 마르기 전에 수분을 공급해야 하지만, 흙이 계속 축축하면 뿌리나 줄기가 무를 수 있으니 화분 받침은 마른 상태로 유지하면서 식물을 바람이 잘 통하는 곳에 놓아야 합니다.

보스톤고사리

학명

Nephrolepis exaltata

과·속명

줄고사리과 줄고사리속

원산지

전 세계 열대~아열대

빛 반양지 물 흠뻑

네프롤레피스 엑살타타의 원예종 가운데 하나로, 우리나라에서는 보스톤고사리라고 부른다. 물 관리가 중요하며 흙이 말랐다면 바로 흠뻑 준다. 통풍이 잘 되고 직사광선이 닿지 않는 밝은 실내에 둔다. 온도는 10도 이상을 유지한다.

줄고사리

학명

Nephrolepis cordifolia

과·속명

줄고사리과 줄고사리속

원산지

일본, 중국 등 동남아시아와 아프리카

빛 반양지 물 흠뻑

바닷가 벼랑처럼 양지바르고 약간 건조한 곳에 무리 지어 난다. 지구에서 가장 오래된 식물로, 4억 년 전부터 살았다고 한다. 키우는 법은 보스톤고사리와 비슷하다. 기후가 온난한 일부 지방에서는 바깥에서 겨울을 날 수 있다.

스코티

학명

Nephrolepis exaltata 'Scottii'

과·속명

줄고사리과 줄고사리속

원산지

열대 아메리카

빛 반양지 물 흠뻑

네프롤레피스 엑살타타의 원예종으로 잎이 소담스럽게 모여 난다. 심플하고 네모난 돌 화분에 심으면 동양식으로 깔끔하게 연출할 수 있다. 키우는 법은 보스톤고사리와 비슷하다.

청나래고사리

학명

Matteuccia struthiopteris

과·속명

야산고비과 청나래고사리속

원산지

일본, 북아메리카

빛 밝은 음지 물 흠뻑

어린순은 나물로 먹는다. 축축한 반그늘에 두면 가장 좋으며 바람이 잘 통해야 한다. 기온이 높거나 습도가 낮은 곳은 피한다. 부지런히 물 관리를 해야 한다.

키아테아 스피눌로사

학명

Cyathea spinulosa

과·속명

키아테아과 키아테아속

원산지

일본 남부~동남아시아

빛 양지 물 흠뻑

뿌리줄기가 똑바로 올라와 나뭇결을 이루며 자란다. 공기가 촉촉하고 밝은 곳에서 키워야 한다. 물이 부족해 한 번 마르면 원 상태로 되돌리기 어려우며, 공기 중 습도가 높은 환경을 좋아한다.

하트펀

학명

Hemionitis arifolia

과·속명

봉의꼬리과 헤미오니티스속

원산지

열대 아시아

빛 밝은 음지 물 흠뻑

잎사귀 모양을 따서 하트펀(Heart Fern)이라고 부른다. 수분이 부족하면 잎끝이 말리므로 물 관리에 주의해야 한다. 통풍이 잘 되고 직사광선이 닿지 않는 곳에 둔다. 내음성이 있는 편이지만 그늘에 오래 두면 연약해지므로 주의한다.

프테리스

학명 Pteris **과·속명** 봉의꼬리과 봉의꼬리속
원산지 전 세계 열대~온대 지역 **빛** 밝은 음지 **물** 보통

종류가 약 300가지나 된다. 일반에 유통되는 품종은 대부분 열대 출신이라 추위에 견디는 힘이 중간 정도(반내한성)이므로 겨울에는 실내에서 키운다. 바람이 잘 통하는 곳에 두고 겉흙이 말랐을 때 흠뻑 물을 주기만 해도 잘 자라므로 초보도 키울 수 있다. 위 사진은 여러 프테리스를 모아 심은 화분을 찍은 것이다.

아스플레니움

학명 Asplenium **과·속명** 꼬리고사리과 꼬리고사리속
원산지 전 세계 열대~온대 지역 **빛** 반양지 **물** 보통

둥지파초일엽(A. nidus), 파초일엽(A. antiquum) 등 700여 종이 있다. 약한 햇빛을 좋아하지만 일조량이 부족하면 잎이 갈변하면서 시들므로 창에 얇은 커튼을 친 밝은 실내에서 키운다. 겉흙이 마르면 물을 듬뿍 주고 통풍에 신경을 써야 한다.

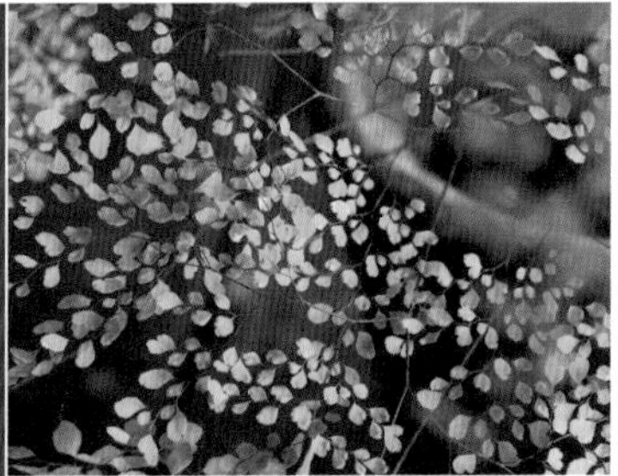

아디안툼

학명 Adiantum **과·속명** 봉의꼬리과 공작고사리속
원산지 열대 아메리카 **빛** 반양지 **물** 흠뻑

거무스름한 줄기에 얄따란 잎이 촘촘하게 돋은 모습이 마치 아름다운 새의 날개를 보는 듯하다. 강한 빛을 쬐면 잎이 쪼그라들면서 타므로 직사광선을 피해 밝은 실내에서 키운다. 건조함에 약하며 물을 자주 주어야 하므로 겨울을 뺀 나머지 계절에는 흙이 절반가량 마르면 물을 준다. 특히 여름에는 물을 많이 빨아들이므로 아침과 저녁 2번 주어야 할 때도 있으며 잎에 분무를 자주 해주어야 한다. 줄기 등이 무르지 않도록 화분에 바람이 잘 통하는지도 확인한다.

넉줄고사리

학명 Davallia mariesii **과·속명** 넉줄고사리과 넉줄고사리속
원산지 일본, 동아시아 **빛** 반양지 **물** 보통

잔털로 덮인 뿌리줄기가 특징으로, 아래에 소개한 다발리아와 몹시 비슷하게 생겼지만 원산지가 다르다. 잎에 서늘함이 감돌아 더운 여름철에 장식하면 시원해 보인다. 여름에 잎갈이를 하고 겨울에도 잎이 떨어지지만 일부는 남아 있다. 기후가 온난한 일부 지방에서는 실외에서 겨울을 나기도 하나, 서리를 맞지 않도록 조심해야 한다. 나머지는 다발리아를 키우는 방법과 같다.

다발리아

학명 Davallia tricomanoides **과·속명** 넉줄고사리과 넉줄고사리속
원산지 말레이시아 **빛** 반양지 **물** 보통

잔털투성이 뿌리줄기로 땅 위에 넝쿨을 지거나 바위를 뒤덮으며 자란다. 생명력이 아주 강하고 바람만 통하면 실내에서도 잘 자란다. 햇빛을 듬뿍 받으면 탄탄하게 자라지만 여름에는 잎이 탈 수 있으니 반그늘로 옮긴다. 흙 표면이 마르면 물을 흠뻑 주고 잎에도 분무기로 물을 뿌린다. 초봄에 오래된 잎을 잘라내면 초여름에 새잎이 나온다. 위에 나온 넉줄고사리보다는 추위에 약하다.

플레보디움

학명 Phlebodium **과·속명** 고란초과 플레보디움속
원산지 열대 아메리카 **빛** 밝은 음지 **물** 보통

잎은 초록색에 푸른빛이 아름답게 감돌며 만지면 바스락거린다. 따뜻하고 축축한 곳을 좋아하지만 건조한 환경에서도 잘 자란다. 직사광선을 쬐면 잎이 탈 수 있으므로 여름철에는 얇은 커튼 너머로 빛이 들어오는 곳에 둔다. 일조량이 부족하면 잎사귀 색이 칙칙해지므로 채광 상태를 늘 살핀다. 바람이 잘 통하게 하고 물은 너무 많이 주지 않는다.

폴리포디움

학명 Polypodium **과·속명** 고란초과 미역고사리속
원산지 전 세계 열대~온대 지역 **빛** 밝은 음지 **물** 보통

잎끝이 닭 볏처럼 뾰족하게 갈라진 종류 등 품종이 다양하다. 일조량이 적어도 어느 정도는 견딜 수 있지만, 잎이 갈색으로 변하면서 마르고 새잎이 나오지 않으면 빛이 잘 드는 곳으로 옮긴다. 통풍이 나쁘면 깍지벌레가 생긴다. 비교적 기르기 쉬운 편이며 키우는 방법은 기본적으로 플레보디움(위)과 비슷하다.

용비늘고사리

학명 Angiopteris lygodiifolia **과·속명** 용비늘고사리과 용비늘고사리속
원산지 일본 남부, 대만 **빛** 밝은 음지 **물** 보통

큼직하게 자라는 식물로 잎은 길이가 1미터까지 자란다. 오래된 잎이 떨어지면 그 자리에 흑갈색 돌기가 돋아나는 특징이 있으며, 이 돌기에서 잎사귀가 여럿 나오는 모습이 신비롭다. 화분에 심어 기를 때는 새잎이 하나 나오면 먼저 나왔던 잎이 하나 시들기 시작하므로 바로 잘라낸다. 밝지만 직사광선이 들어오지 않는 곳을 좋아하며 내음성이 있지만 새싹이 나오지 않으면 빛이 잘 드는 자리로 옮긴다. 축축한 환경을 좋아하므로 물은 겉흙이 마르면 흠뻑 젖도록 준다. 통풍이 나쁘면 뿌리줄기에 곰팡이가 끼므로 물을 준 뒤에는 바람이 잘 통하게 한다. 일조량이 부족하면 물을 주는 양에 주의한다.

Chapter

3

잎과 줄기를 우아하게 늘어뜨리는 식물들

시서스

Cissus

열대·아열대 지방에 350여 종이 분포하며, 그 가운데 몇 가지가 관엽 식물로 재배되고 있습니다. 덩굴성 실내 식물을 대표하는 시서스는 잎사귀 색이 아주 다채로워요. 잎과 줄기가 부드럽게 흘러내리는 모습이 실내 공간과 잘 어우러집니다. 천장에 걸거나 선반에 올려 늘어뜨려도 예쁘고 탁자에 올려 넝쿨 지는 모습을 감상해도 좋아요. 장소에 따라 마치 팔색조처럼 다른 매력을 뽐낸답니다.

열대 아메리카에서 태어난 멕시코담쟁이(C. rhombifolia)의 원예종인 '엘렌 다니카(Ellen Danica)'. 자라는 속도가 빠르고 풍성하게 가꾸기도 쉬워 인기가 좋다. 앤티크 소품과 잘 어울리며 빛이 조금 덜 들어도 튼튼하게 자란다.

기본 정보

학명	Cissus		
과·속명	포도과 시서스속		
원산지	전 세계 열대~아열대		
빛	양지	**반양지**	밝은 음지
물	흠뻑	**보통**	살짝 건조하게

잘 키우는 법

■ 빛

▶ 밝은 실내에서 키운다. 한여름에 내리쬐는 직사광선은 지나치게 강해 잎이 타므로 오전에만 빛이 드는 곳이나 밝은 그늘에 둔다. 여름 외에는 직사광선을 받으면 튼실하게 자란다.

▶ 일조량이 부족하면 줄기에 힘이 없고 잎사귀 색이 탁해지며 잘 자라지 않으므로 자리를 바꾸어준다.

■ 온도

▶ 대체로 겨울 추위에 약하다. 기온이 10도 아래로 내려가지 않도록 관리하면서 빛이 잘 들고 따스한 자리에 둔다.

■ 물

▶ 겉흙이 마르면 흠뻑 주되, 건조함에 강한 편이므로 많이는 주지 않는다. 과습으로 뿌리가 썩으면 죽을 수도 있으니 통풍에도 신경을 쓴다.

▶ 추운 겨울에는 느리게 성장하므로 흙을 살짝 건조하게 한다. 흙 표면이 마르고 2~3일 뒤에 물을 준다.

■ 해충

▶ 원래는 해충이 거의 생기지 않지만 일조량이 부족해 식물이 약해지면 응애나 깍지벌레가 꼬인다. 잎에 물을 뿌려 예방하자.

■ 분갈이

▶ 밑동에 난 잎이 시들면 뿌리가 흙에 꽉 찼을 수 있으므로 분갈이를 한다.

분위기가 우아한 '은선담쟁이덩굴(Parthenocissus henryana)'. 덩굴이 길게 자랐을 때 걸이식물로 연출했다.

호주에서 온 '남극 시서스(C. antarctica)'는 캥거루 바인(Kangaroo vine)이라고도 불린다. 고풍스러운 화분에 심어 자연스럽게 늘어뜨리면 둥그스름한 잎에서 편안한 멋이 느껴진다.

잎이 깜찍하게 생긴 인기 원예종 '슈거바인(Parthenocissus Sugarvine)'. 추위에 약하므로 겨울철에는 실내에서 키운다. 쉽게 건조해지므로 물을 때맞추어 잘 주어야 한다.

아이비

Hedera

학명보다는 영어 이름인 '아이비'가 더 유명한 식물로, 가지 마디에서 나온 공기뿌리로 벽이나 다른 나무를 타고 퍼지며 번식해요. 잎사귀 색과 모양이 다양하고 유통량도 많아 아이비로 벽면을 덮은 건물을 쉽게 찾아볼 수 있답니다. 환경이 바뀌거나 새싹을 낼 때 잎을 떨구기도 하지만 대부분은 튼튼하게 잘 자라 줍니다.

대표 품종인 '헤릭스(H. helix)'로, 잉글리시 아이비(English ivy)라고도 불린다. 덩굴을 길게 뻗는 점이 특징으로, 시대를 뛰어넘는 품격 있는 분위기를 자아낼 수 있다.

기본 정보

학명	Hedera		
과 · 속명	두릅나무과 송악속		
원산지	북아메리카, 아시아, 유럽		
빛	양지	반양지	밝은 음지
물	흠뻑	보통	살짝 건조하게

잘 키우는 법

빛

▶ 햇빛이 밝게 들수록 좋다. 한여름 직사광선은 잎을 태울 수 있으니 오전에만 빛이 드는 자리나 밝은 그늘에 둔다.

▶ 내음성이 강하고 응달에서도 자라지만 빛을 받아야 잎에 윤기가 돈다. 지나치게 어두우면 새싹이 트지 않는다.

▶ 무늬종은 일조량이 부족하면 잎에 무늬가 흐려지거나 없어지기도 한다.

▶ 환경 변화에 약해 갑자기 자리를 바꾸면 잘 적응하지 못한다. 잎이 떨어지기도 하지만 대부분 바로 새잎이 돋는다.

온도

▶ 내한 온도는 0~3도다. 지역에 따라 밖에서 겨울을 날 수 있지만 집 안에서 관리해도 된다.

물

▶ 생육기인 봄에서 가을까지는 겉흙이 마르면 듬뿍 준다. 흙이 건조해도 견딜 수는 있지만 완전히 메마르면 아래쪽 잎부터 떨어진다. 겨울철에는 성장이 느리므로 물을 주는 횟수를 줄이고 흙을 건조한 듯하게 유지한다.

해충

▶ 바람이 잘 통하지 않으면 해충이 생긴다. 특히 그늘에 화분을 두면 응애가 잘 꼬인다. 물을 주는 횟수와 양에 주의하면서 잎에도 물을 분무하면 예방할 수 있다.

분갈이

▶ 아주 잘 자라므로 그냥 두면 물을 더 빨아들이지 못할 만큼 화분 속이 뿌리로 꽉 찬다. 1~2년에 1번은 분갈이를 하되, 시기는 5~9월이 좋으며 너무 더운 날은 피한다.

잉글리시 아이비는 무늬 잎, 오글쪼글한 잎 등 원예종마다 잎사귀 생김새가 다양해서 고르는 재미가 있다. 왼쪽 위부터 오른쪽으로 차례대로 멜라니(Melanie), 골드 스턴(Gold stern), 미다스 터치(Midas Touch), 글레이셔(Glacier)다.

스킨답서스

Epipremnum aureum

관엽 식물의 대표 주자로, 친근한 매력 덕분에 꾸준히 사랑받고 있습니다. 걸이식물 중에서는 튼튼하고 키우기 쉬운 편에 들어가요. 덩굴성 착생 식물이라 원래 사는 열대 지방에서는 큰 나무를 감고 오르며 자랍니다. 여러 종류가 유통되고 있으며 잎이 초록색인 품종은 어디에나 잘 어우러져서 인기가 좋답니다. 줄기에 수분을 저장하는 성질이 있으니 물은 적당히 주되, 잎에 부지런히 물을 뿌려 주세요. 너무 길게 자라면 잎이 떨어지기도 하니 때맞추어 가지치기를 해야 합니다.

잎이 진한 초록빛인 '퍼펙트 그린(E. aureum Perfect Green)'은 어떤 곳에 두어도 잘 어울린다. 원종은 잎이 일반 초록색이라고 한다. 쑥쑥 잘 자라는 편이라 줄기가 길어지면 높은 곳에 올려 늘어뜨리듯 장식해도 예쁘다.

기본 정보

학명	Epipremnum aureum		
과·속명	천남성과 에피프렘눔속		
원산지	솔로몬 제도		
빛	양지	반양지	밝은 음지
물	흠뻑	보통	살짝 건조하게

잘 키우는 법

■ **빛**

▶ 강한 햇빛을 싫어하므로 봄부터 가을까지는 얇은 커튼 너머로 빛을 쐬게 하고, 겨울에는 빛이 잘 드는 실내 자리에 둔다.

▶ 내음성이 강해 그늘에서도 자라지만 너무 어두우면 줄기나 잎이 웃자라거나 잘 크지 못하므로 되도록 밝은 곳에 둔다.

■ **온도**

▶ 겨울에는 따뜻한 실내에서 키우되 기온은 5도를 넘어야 한다. 따뜻한 방에서는 겨울에도 줄기를 뻗으며 자란다.

■ **물**

▶ 생육기인 봄부터 가을까지는 겉흙이 마르면 흠뻑 준다. 줄기에 수분을 어느 정도는 저장할 수 있으므로 물을 많이 주면 뿌리가 썩기도 한다.

▶ 최저 기온이 20도보다 낮으면 수분을 흡수하는 속도가 점점 느려지므로 물을 주는 횟수를 줄인다. 겨울에는 흙 표면이 마르고 2~3일 지난 뒤에 물을 준다.

▶ 공기 중 습도가 높은 환경을 좋아하므로 잎에 분무기로 물을 뿌리면서 키운다. 응애나 깍지벌레도 막을 수 있다.

■ **해충**

▶ 바람이 잘 통하지 않으면 응애나 깍지벌레가 생긴다. 갑자기 힘이 없어 보이면 해충이 있는지부터 살펴본다.

■ **가지치기**

▶ 덩굴이 너무 길면 영양분이 끝까지 닿지 못해 줄기가 순식간에 시들기도 한다. 본줄기 쪽이 엉성해지면 덩굴을 짧게 다듬어주자.

무늬종인 '엔조이(E. aureum N'joy)'는 잎이 약간 작은 편이다. 놀라우리만큼 강인해서 건조한 환경에서도 공기뿌리를 내면서 힘차게 자란다. 자주 볼 수 있는 식물이지만 독특한 화분에 심으면 개성 넘치는 실내 장식이 된다.

잎에 물감을 흩뿌린 듯한 무늬가 있는 '마블 퀸(E. aureum Marble Queen)'. 말끔한 화분보다는 군데군데 녹이 슨 철제 화분이 훨씬 잘 어울린다.

'푸비칼릭스(H. pubicalyx)'는 덩굴성 식물이며 잎사귀 곳곳에 불규칙한 반점이 있다. 천장이나 벽에 걸어 줄기가 너울거리는 모습을 즐기기 좋다. 잎이 풍성하고 생김새도 무난해 인테리어에 두루두루 잘 어울린다.

호야

Hoya

대부분 덩굴성 다육 식물로, 나무 둥치나 바위를 타고 기어오르는 성질이 있어요. 품종에 따라 잎 모양과 색깔이 아주 다양합니다. 꽃 빛깔이 벚꽃색과 비슷해서 '앵란(櫻蘭)'이라고 불리기도 해요. 밀랍 장식 같은 무광택 꽃잎과 진한 향기도 호야만의 매력입니다. 햇빛이 잘 들면 쑥쑥 크며 크게 자라면 꽃도 탐스럽게 피어요. 잎이 다육질이라 수분을 저장할 수 있으니 물을 잘 맞추어 주면서 일조량을 관리하면 초보도 쉽게 키울 수 있답니다.

기본 정보

학명	Hoya		
과·속명	협죽도과 호야속		
원산지	열대 아시아, 호주, 태평양 제도, 일본 남부(규슈, 오키나와)		
빛	양지	반양지	밝은 음지
물	흠뻑	보통	살짝 건조하게

잘 키우는 법

■ 빛

▶ 가능한 빛이 잘 드는 곳에서 키운다. 한여름 햇빛에는 잎이 타거나 시들 수 있으므로 밝으면서 직사광선이 닿지 않는 곳에 둔다.

■ 온도

▶ 더위에는 강하지만 추위에는 약하므로 겨울에는 최저 7~8도를 유지하는 편이 좋다. 5도 아래로 내려가면 잘 크지 못한다.

▶ 실외에서 키우더라도 11월경에는 따뜻하고 빛이 잘 드는 실내로 옮긴다.

■ 물

▶ 다육질 식물이므로 건조한 환경을 좋아한다. 생육기인 봄에서 가을까지는 잎에 주름이 생기면 물을 듬뿍 준다. 잎이 원래대로 돌아오지 않는다면 큰 통에 물을 담아 화분째 담그는 저면관수를 한다.

▶ 겨울에는 온도가 낮아 거의 자라지 않으므로 물을 주는 횟수를 줄인다. 겉흙이 마르고 3~5일 지난 뒤, 잎 표면이 차갑지 않을 때 준다.

▶ 공기 중 습도가 높은 곳을 좋아하므로 여름에는 잎에 물을 분무해준다.

▶ 흙이 너무 축축하면 좋지 않다. 일조량이 부족할 때는 물을 많이 주지 않도록 주의한다.

■ 해충

▶ 햇빛이 부족하고 바람이 잘 통하지 않으면 깍지벌레가 생긴다. 주변 환경을 늘 살피고 잎에 물을 뿌리면 예방할 수 있다.

■ 가지치기

▶ 꽃은 한번 피면 해마다 같은 자리에 피므로 꽃이 피었던 덩굴은 자르지 않는다. 꽃이 아직 피지 않았더라도 덩굴이 1미터 정도로 자라면 피기 시작하므로 생육기에는 가지치기를 하지 않는다.

▶ 꽃이 피지 않거나 잎이 너무 작은 덩굴은 9월경에 잘라낸다. 뿌리를 내는 힘이 좋아 꺾꽂이로 쉽게 번식시킬 수 있지만 자라는 속도가 느려 뿌리가 자리를 잡기까지는 시간이 좀 걸린다.

잎 색깔도 생김새도 모두 달라 여러 식물을 모아 심은 듯하지만 전부 호야다. 오른쪽 위부터 잎사귀가 배배 꼬인 '콤팍타(H. compacta)', 붉은 잎이 섞인 '바리에가타(H. carnosa Variegata)', 잎이 하트형인 '케리(H. kerrii)'의 무늬종, 자그마한 잎에 은빛이 감도는 '쿠르티시(H. curtisii)'다.

프릴처럼 꼬불꼬불한 잎이 개성 만점인 '콤팍타'. 덩굴이 화분에서 바닥으로 늘어지도록 장식했다.

호야 가운데 가장 대중적인 '케리'는 잎 생김새 때문에 '하트 호야'로 불린다. 흔히 잎꽂이로 키우지만 힘차게 뻗어나가는 덩굴줄기도 멋지게 장식할 수 있다.

볼록한 잎맥과 연분홍빛 가장자리가 매력적인 무늬종 '마크로필라(H. macrophylla)'는 줄기를 뻗는 모습이 아주 씩씩하다. 독특한 분위기의 네모진 도기 화분에 심었다.

희귀 품종인 '츠상기(H. tsangii)'는 전체적으로 산뜻해 보인다. 햇빛을 받으면 둥그스름한 잎 테두리가 짙은 보랏빛으로 물든다.

꽃대 끝에서 앙증맞은 꽃들이 마치 우산살처럼 사방으로 솟아난다. 향기도 좋고 질감이 독특해 꽃을 보려고 호야를 키우는 사람도 많다. 위 사진은 '콤팍타'의 꽃이다.

품종마다 꽃 색깔과 생김새가 모두 다르다. 왼쪽은 '라쿠노사(H. lacunosa)', 오른쪽은 '웨이티(H. Wayetii)'의 꽃이다.

립살리스

Rhipsalis

선인장과 식물이지만 '갈대 선인장'의 한 종류로, 생김새가 선인장 하면 떠오르는 모습과는 사뭇 다릅니다. 숲속에서 나무 표면에 붙어살거나 그늘 밑에서 사는 다육 식물이라서 직사광선에 약하죠. 내음성이 있는 편이므로 살짝 건조하게 관리하면 쉽게 키울 수 있어요. 잎사귀 넓이에 따라 넓은 잎과 좁은 잎 종류로 나뉘며 마디에서 뿌리가 나오므로 꺾꽂이로 번식시키기도 쉬워요. 봄에 희거나 노란 꽃을 자그맣게 피우고, 분홍색 또는 오렌지색 반투명 열매를 맺기도 해서 열매가 알알이 맺힌 모습을 즐길 수도 있답니다.

품종에 따라 잎 생김새가 다양하므로 잎 넓이가 각기 다른 종류를 한데 장식하면 숲속 분위기를 낼 수 있다.

기본 정보

학명	Rhipsalis		
과·속명	선인장과 립살리스속		
원산지	열대 아프리카, 열대 아메리카		
빛	양지	반양지	밝은 음지
물	흠뻑	보통	살짝 건조하게

잘 키우는 법

■ 빛

▶ 밝으면서 직사광선이 들어오지 않는 실내, 얇은 커튼을 친 창가 등에서 키운다. 일조량이 조금 부족해도 견디기는 하지만 물을 주는 빈도와 해충에 신경을 써야 한다.

■ 온도

▶ 고온다습한 환경을 좋아한다. 겨울에는 기온이 5도 아래로 떨어지고 잎에 주름이 없다면 물을 주지 않는다.

■ 물

▶ 건조하게 관리해야 한다. 겉흙이 마르고 잎이 좁아지거나 주름이 생기면 물을 흠뻑 준다. 공기 중 습도가 높아야 좋으므로 가끔 잎에 물을 분무해준다. 마디에서 나온 뿌리와 잎사귀로 수분을 빨아들인다.

■ 해충

▶ 햇빛이 들지 않거나 통풍이 나쁘고 공기가 건조하면 깍지벌레가 생긴다. 잎자루 주변을 살펴 해충이 있으면 칫솔로 문질러 떨어트린 뒤, 살충제를 뿌리고 통풍이 잘 되는 곳에 둔다. 잎에 물을 뿌려 예방할 수 있다.

■ 꺾꽂이

▶ 보통은 가지치기를 할 필요가 없지만, 길어진 줄기를 5~6센티미터쯤 자른 뒤 잘 말리면 꺾꽂이를 할 수 있다. 마디에서 나온 뿌리는 금세 자리를 잡는다. 다른 화분에 옮겨 심은 뒤에는 배수성이 좋은 흙을 덮고 물을 준다.

둥글넓적한 잎이 줄줄이 늘어지는 모습이 독특한 '로부스타(R. robusta)'.

잎이 가늘고 빳빳한 '푸니세오 디스쿠스(R. puniceo-discus)'. 줄기 마디에 하얀 꽃이 앙증맞게 피었다.

잎이 사방팔방으로 특이하게 돋아난 '프리스마티카(R. prismatica)'. 목제 화분에 심어 나무에 붙어 자라는 착생 식물처럼 장식했다.

도톰한 기둥 모양 잎이 4~5센티미터마다 꼬이듯 이어지는 '파라독사(R. paradoxa)'. 신비로운 자연미를 자아낸다. 넘쳐흐르는 잎과 줄기가 매력인 립살리스는 벽에 걸어도 보기 좋고 화분에 심어 선반에 올려도 멋들어진다.

가느다란 잎들이 축축 늘어진 '카수타(R. cassutha)'. 앤티크 느낌의 상자와 함께 연출하면 그윽한 멋을 풍긴다.

같은 좁은 잎류여도 느낌은 천차만별이다. 위쪽은 초록빛 잎이 매끈한 '케레우스쿨라(R. cereuscula)'이고, 아래쪽은 잎에 보송보송하게 털이 난 '필로카르파(R. Pilocarpa)'다. 단순하게 생긴 화분에 심어 자유로운 잎 모양을 강조하거나, 분위기가 독특한 화분에 심어 식물 전체에 포인트를 주어도 좋다. 식물을 키우는 즐거움에서는 화분을 고르는 재미도 한몫한다.

디스키디아

Dischidia

줄기 마디에서 나온 공기뿌리로 다른 나무나 바위에 붙어 자라는 덩굴성 착생 식물입니다. 작고 통통한 잎이 잔뜩 달린 모습이 포근하고 사랑스러워 인기가 무척 좋죠. 자그마한 꽃들이 가득 핀 모습도 예쁘고 주변 환경만 맞으면 튼튼하게 잘 자라지만 일조량에는 조금 민감한 편입니다. 직사광선이 닿지 않는 밝은 곳에 두고 뿌리를 살짝 건조하게 관리하되, 공기 중 습도가 높아야 좋으니 잎에 자주 물을 뿌려주세요. 다육 식물의 일종이므로 다육 식물 관리법을 잘 알아두면 더 예쁘게 기를 수 있답니다.

와이어로 화분을 고정해서 벽면을 멋지게 꾸몄다. 왼쪽은 '에메랄드(D. Emerald)', 오른쪽은 '오이안타(D. oiantha)'. 수시로 가지치기를 해두면 실내 공간 어디에나 가볍게 장식할 수 있다.

기본 정보

학명	Dischidia		
과·속명	협죽도과 디스키디아속		
원산지	동남아시아, 호주		
빛	양지	반양지	밝은 음지
물	흠뻑	보통	살짝 건조하게

잘 키우는 법

빛

▶ 1년 내내 직사광선이 닿지 않는 밝은 곳에서 키운다. 일조량이 부족하면 잎이 노랗게 변하다가 하나둘 떨어진다. 식물 상태를 잘 살피면서 적당한 자리를 찾자.

온도

▶ 내한 온도는 5~10도, 생육 온도는 12도 이상이다. 더위에는 강하지만 줄기나 잎이 무르지 않도록 바람이 잘 통하는 곳에 두어야 한다. 겨울에는 따뜻한 실내에서 키운다.

물

▶ 건조한 흙을 좋아하므로 과습을 조심하면서 흙이 말랐을 때 흠뻑 준다. 잎에 주름이 생기면 물이 필요하다는 신호다. 흙이 너무 축축하면 뿌리가 썩으면서 수분을 빨아들이지 못해 식물이 결국 시들어버린다.

▶ 공기 중 습도가 높은 환경을 좋아한다. 냉방을 트는 여름철에는 실내 공기가 지나치게 건조해져 잎이 시들기도 하므로 습도를 관리해야 한다. 잎 전체를 적시듯 물을 분무해주자.

▶ 추운 겨울에는 생장이 더디므로 물을 주는 빈도를 줄이되, 잎 표면이 쪼글쪼글할 때 물을 준다.

해충

▶ 햇빛이 들지 않고 바람이 잘 통하지 않으면 깍지벌레가 생긴다. 발견하는 대로 잎과 줄기가 다치지 않도록 조심스럽게 쓸어내자. 잎에 물을 뿌리면 예방할 수 있다.

가지치기

▶ 줄기만 길게 자랐거나 뿌리 쪽에 잎이 적다면 긴 덩굴을 골라 손질한다. 마디에서 나온 뿌리는 꺾꽂이로 심으면 금세 자리를 잡는다.

달걀꼴 잎에 그려진 세로 잎맥과 불그스레한 새싹이 어여쁜 '오바타(D. ovata)'.

'오바타'는 환경을 잘 갖추어주면 자그마한 꽃을 피운다. 꽃송이가 활짝 피지 않아 더 애틋하다.

길게 뻗은 덩굴과 소복한 잎들이 아름다운 '루스키폴리아(D. ruscifolia)'. 잘 관리하면 줄기 마디에서 공기뿌리가 나오고 자그마한 흰색 꽃을 한가득 피운다. 줄기만 길고 뿌리 쪽이 썰렁해 보인다면 적당히 다듬어 전체 균형을 맞춘다.

'밀리언 하트'라는 이름으로 잘 알려진 '루스키폴리아 바리에가타(D. ruscifolia variegata)'. 잎사귀가 이름대로 하트 모양이라 더욱더 사랑스럽다. 바람이 잘 들고 얇은 커튼 너머로 빛이 부드럽게 들어오는 곳에서 키운다. 무늬종은 일반종보다 환경에 예민하므로 일조량과 통풍 상태를 세심하게 살펴야 한다.

Chapter

4

독특하고 개성이 넘치는 식물들

드라세나

Dracaena

잎 색깔이 초록 외에도 빨강, 노랑, 하양 등으로 다채로우며, 가느다란 줄기가 휘어지면서 독특한 수형을 이룹니다. 종류에 따라 큼지막하고 활력이 넘치는 잎, 섬세하고 얄따란 잎 등 종류가 다양하다는 점도 드라세나의 특징이죠. 잎이 예쁘지만 그만큼 환경 변화에 민감해서 직사광선을 받으면 색이 변하거나 타기도 해요. 잎사귀 색을 살피면서 적당히 빛을 받을 수 있는 자리를 찾아주세요.

'리플렉사드라세나(D. reflexa)'의 한 종류인 '송 오브 자메이카(D. reflexa Song Of Jamaica)'. 가지치기를 꾸준히 반복해 수형을 만든 나무로, 화분 대신 화로에 심어 다리가 긴 받침대에 올려두었다. 식물에 맞는 화분을 고를 때는 양쪽의 품격도 고려해야 한다.

기본 정보

학명	Dracaena		
과·속명	백합과 드라세나속		
원산지	열대 아프리카, 열대 아시아		
빛	양지	반양지	밝은 음지
물	흠뻑	보통	살짝 건조하게

잘 키우는 법

■ 빛

▶ 생육기에는 햇빛을 바로 받아도 괜찮지만 잎이 탈 수 있으므로 여름철 직사광선은 피한다. 내음성이 있지만 그늘에 두면 잎이 약해지기도 한다.

▶ 실내에서는 줄기가 빛 쪽으로 구부러지므로 가끔 화분 방향을 바꾸면 고르게 자랄 수 있다.

▶ 응달에 두었던 식물을 갑자기 양지로 옮기면 잎이 타므로 환경을 바꿀 때는 시간을 들여 조금씩 익숙해지게 하자.

■ 온도

▶ 아침 최저 기온이 15도 아래로 내려가면 빛이 잘 들고 따뜻한 실내로 옮기되 온도는 5도 이상으로 유지한다.

■ 물

▶ 대체로 살짝 건조한 환경을 좋아한다. 생육기인 5~9월에는 겉흙이 하얗게 될 정도로 바싹 마르면 물을 흠뻑 준다. 아침 최저 기온이 20도 아래로 내려가면 물을 주는 횟수를 서서히 줄인다. 겨울철 또는 식물을 그늘에 두었을 때 물을 너무 많이 주면 뿌리가 썩을 수 있으므로 흙이 잘 마른 뒤에 주어야 한다.

▶ 물이 부족하면 잎끝부터 시들기 시작한다.

■ 해충

▶ 햇빛을 받지 못하면 깍지벌레가 생길 수 있다. 일조량을 잘 관리하고 가끔 잎에 물을 뿌리면 예방할 수 있다.

■ 가지치기

▶ 위로 쭉쭉 자라는 식물이므로 키가 너무 크다면 가지치기를 한다. 곁눈이 새로 나오면 수형을 다시 멋지게 만들 수 있다. 생육기를 앞둔 4월경부터 5월 중순 사이에 가지치기를 하면 이듬해가 되기 전에 새싹이 나온다.

▶ 밑동에서 나온 새순이 힘차게 자라면 본줄기가 약해지므로 잘라내거나 옮겨 심어 번식시킨다.

선명한 붉은색 덕분에 잎사귀가 얼핏 무지갯빛으로 보이는 '콘시나 트리컬러 레인보우(D. concinna cv. Tricolor Rainbow)'. 허공을 휘감듯 한 바퀴 꼬인 줄기가 인상적이다. 화초 크기는 작지만 줄기가 유연한 드라세나만의 매력이 잘 살아 있다.

'화이트 홀리(D. marginata cv. White Holli)'. 햇빛이 잘 드는 곳에 두면 색이 진해지지만 지나치게 센 빛에는 잎이 타므로 주의한다. 비슷한 종류의 소품 화초들을 나란히 장식해두면 나무마다 다른 매력이 은은하게 전해진다.

'마젠타(D. marginata cv. Magenta)'는 튼실하게 잘 자라는 품종이다. 잎사귀는 기온 차가 크고 밝은 곳에서는 거무스름하게 변하며 어두운 환경에서는 초록빛이 짙어진다. 과감하게 가지치기를 해서 아주 깔끔해 보인다.

초록색과 붉은색 바탕 잎에 노란색 무늬가 들어간 '트리컬러(D. marginata cv. Tricolor)'. 새싹이 금방 자라고 줄기가 유연해 가지를 여러 갈래로 가꿀 수 있다. 잎의 색감과 상반되는 회색 네모꼴 화분에 심어 잎사귀 색이 더욱 아름답게 보인다.

코르딜리네

Cordyline

드라세나와 닮았지만 전혀 다른 품종이며 원산지가 다르므로 생육 환경에도 차이가 있습니다. 내음성과 내한성이 있지만 햇빛이 잘 드는 곳에 두는 편이 좋아요. 키우는 방법은 기본적으로 드라세나와 비슷하니 앞서 소개한 내용을 참고해주세요. 드라세나 뿌리는 붉거나 노란 수염뿌리이고 코르딜리네 뿌리는 다육질이고 색이 하얀 땅속뿌리이므로 뿌리로 구별할 수 있답니다.

학명 Cordyline **과·속명** 백합과 코르딜리네속
원산지 동남아시아, 호주, 뉴질랜드 **빛** 양지 **물** 보통

사계절 내내 밝은 곳에 두되 여름철에는 직사광선을 피한다. 잎사귀 색이 옅어 직사광선을 쬐면 잎이 쉽게 타며, 일조량이 부족하면 잎 색깔이 탁해지므로 빛을 세심하게 조절해야 한다. 드라세나보다는 내한성이 높지만 10월 하순에는 집 안으로 들인다. 일조량과 통풍을 잘 관리하지 못하면 깍지벌레 같은 해충이 금방 생긴다.

수형이 우아하게 구부러진 '스트릭타(C. stricta)'. 잘 자라는 편이므로 초보가 키우기 좋다.

'테르미날리스(C. terminalis)' 중에서 잎에 보랏빛이 도는 '퍼플 콤팍타(Purple Compacta)'. 곧게 자라는 성질이 있어 새싹이 돋는 대로 가지치기를 하거나 가지가 휘도록 다듬으면서 수형을 내 취향대로 만들 수 있다. 일조량이 부족하면 해충이 금방 생기므로 주의한다.

줄무늬 색이 조금씩 모두 달라 그림 속 잎사귀처럼 보인다. 자세히 들여다보면 잎마다 무늬 모양도 전부 다르다.

박쥐란

Platycerium

숲속 나무나 바위 등에 뿌리를 내리고 붙어사는 착생 식물입니다. 박쥐를 닮은 생김새 등 독특한 매력으로 많은 사랑을 받고 있어요. 자기 몸을 감싸듯 돋아나는 '영양엽'과, 커다란 사슴뿔처럼 생긴 '포자엽'이 자랍니다. 환경만 잘 맞으면 초보도 키우기 쉬운 식물이니 햇빛이 잘 들면서 고온다습한 곳에 두고 여러 모양으로 꾸며보세요.

맨 왼쪽 위는 코코넛에 착생해서 갓 출하된 것이고, 오른쪽 두 개와 왼쪽 아래는 키운 지 10년 정도 되었다. 박쥐란은 생장 속도가 느려 대품은 아주 비싸다. 처음부터 큰 화초를 들여도 좋지만, 작은 화초를 천천히 키워가는 재미도 쏠쏠하다.

기본 정보

학명	Platycerium bifurcatum		
과 · 속명	봉의꼬리과 박쥐란속		
원산지	남아메리카, 동남아시아, 아프리카, 오세아니아		
빛	양지	반양지	밝은 음지
물	흠뻑	보통	살짝 건조하게

잘 키우는 법

■ **빛**

▶ 가을부터 봄까지는 밝은 창가에 두지만 여름에는 직사광선에 잎이 탈 수 있으므로 햇빛을 가린다. 일조량이 부족하면 눈에 띄게 생장력이 떨어지고 잎이 노란색이나 갈색으로 바뀌므로 상태를 잘 살피면서 햇빛을 받게 한다. 새싹이 나오지 않는 것도 일조량이 부족하다는 증거다.

■ **온도**

▶ 고온다습한 환경을 좋아하므로 봄부터 가을까지는 직사광선이 닿지 않는 실외에서 키울 수 있다. 10월이 되면 실내로 들인다.

벽에 걸 수 있는 초소형 박쥐란은 여러 종류가 있다. 수분을 머금을 수 있는 이끼볼에 심어 천장이나 벽에 걸어 두면 바람도 잘 통하고 새싹이 이쪽 저쪽에서 자유롭게 나온다.

■ **물**

▶ 봄부터 가을까지는 2~3일에 1번, 식재 표면이 마르면 물을 흠뻑 준다. 겨울에는 1주에 1번, 식재가 바싹 마르면 완전히 젖을 때까지 준다.

▶ 물은 영양엽 뒤쪽으로 준다. 화분에 심었다면 화분째 물을 채운 양동이에 넣어도 좋다. 뿌리가 영양엽 뒤로 자라므로 물을 뿌리 쪽에 뿌려야 하지만, 뿌리 주변이 늘 축축하면 영양엽이 썩으며 반대로 수분이 부족하면 잘 자라지 못하거나 말라 죽기도 한다. 물을 줄 때는 식재와 포자엽 상태를 잘 살피며 주도록 하자.

▶ 영양엽 속에 수분을 저장하므로 추위가 심할 때는 물을 주지 않는다.

▶ 공기 중 습도를 높게 유지해야 하므로 분무기 등으로 잎에 자주 물을 뿌린다.

■ **비료**

▶ 생육기에는 2달에 1번, 나온 지 오래된 갈색 영양엽 뒤쪽에 지효성 고체 비료를 뿌린다. 화분에서 키운다면 깻묵 비료를 겉흙 가장자리에 올려 두거나 물을 줄 때 액체 비료를 섞어 준다.

■ **해충**

▶ 바람이 통하지 않으면 생육기에 응애나 깍지벌레가 생길 수 있다. 통풍이 잘 안 되는 상태에서 수분이 너무 많으면 곰팡이가 피기도 한다. 특히 물을 준 뒤에는 해충이나 곰팡이가 곧잘 생기므로 반드시 바람이 잘 통하는 곳에 두자.

■ **포기 나누기**

▶ 박쥐란은 포기를 나누어 번식시킬 수 있다. 영양엽 아래에 자란 작은 포기에 포자엽이 3장 이상 나왔다면 뿌리를 확인한 뒤 분리해서 다른 화분에 옮겨 심는다.

영양엽은 봄부터 가을까지 자라며 자기 몸을 덮어 수분과 양분을 저장한다. 쓰임을 다하면 갈색으로 변하면서 시들어 영양분이 된다. 포자엽은 가을부터 겨울까지 자라며, 뒷면에서 포자(홀씨)를 내며 불어난다.

산세베리아

Sansevieria

다양한 종류가 유통되고 있으며 품종마다
잎 생김새와 무늬가 가지각색입니다.
음이온을 뿜어내는 식물로도 알려져
있죠. 내음성이 있고 튼튼하며 해충에도
강해서 누구나 쉽게 키울 수 있답니다.
원래는 큰 나무 그늘에서 사는 식물이니
한여름에는 직사광선을 피하고 겨울에는
휴면에 들어가므로 물을 주지 말아야 해요.
잎 특징을 잘 살려주는 화분에 심으면
장식할 수 있는 폭도 훨씬 넓어지고 어떤
인테리어에나 잘 어울립니다.

땅 위에 사방팔방으로 잎을 펼치는 '파르바(S. parva)'는 깔끔한 화분과 어울린다. 높직한 화분에 심으면 어린 포기가 아래로 늘어지며 자라는 모습에서 생명력과 시간의 흐름을 느낄 수 있다.

기본 정보

학명	Sansevieria		
과·속명	백합과 산세베리아속		
원산지	아프리카, 남아시아 열대~아열대		
빛	양지	반양지	밝은 음지
물	흠뻑	보통	살짝 건조하게

잘 키우는 법

■ 빛

▶ 하루에 몇 시간은 빛이 부드럽게 들어오는 밝은 곳에 둔다. 내음성이 있지만 햇빛을 얼마쯤은 받아야 한다. 잎이 탈 수 있으므로 직사광선은 피한다.

■ 온도

▶ 여름철 더위에는 강하지만 건조한 환경을 좋아하므로 줄기 등이 무르지 않도록 신경을 쓴다. 기온이 20도가 넘으면 생육기에 들어간다. 반면 추위에는 약하므로 겨울에는 따뜻한 실내에 두며 온도는 10도가 넘어야 한다. 기온이 낮으면 잎사귀 색이 변하거나 탁해진다.

■ 물

▶ 잎에 수분을 저장할 수 있으므로 흙은 살짝 건조하게 관리한다.

▶ 봄에서 가을까지는 매주 1번, 흙 표면이 보송하게 마르면 물을 흠뻑 준다. 낮은 온도에서는 휴면기에 들어가므로 바깥 기온이 8도 아래로 내려가면 물을 주지 않는다. 실내 온도가 15도 이상이라면 날씨가 화창할 때 물을 주자.

▶ 물을 적게 주면서 건조하게 관리했는데도 새싹이 나오지 않으면 뿌리가 썩었을 가능성이 있다.

■ 분갈이

▶ 흙 속에 뿌리가 꽉 찼다면 5~6월이나 10월에 분갈이를 한다. 포기를 나누거나 꺾꽂이로 번식시킬 수 있다. 포기를 나눌 때는 가느다란 뿌리가 났는지 확인한 뒤 모체에서 분리한다. 꺾꽂이는 잎꽂이로 하며, 땅 위에 나온 잎을 10센티미터 길이로 잘라 흙에 묻은 뒤 반그늘에 둔다. 잎에 주름이 생기고 뿌리가 나오면 물을 준다.

두툼한 잎이 좌우로 벌어지는 희귀 품종 '바나나(S. ehrenbergii Banana)'. 위로 뻗은 잎끝과 높다란 받침이 달린 화분의 조합에서 기품이 느껴진다.

파르바와 스네이크산세베리아(S. gracilis)의 교배종인 '키브 웨지(S. hyb.(gracilis×parva) Kib Wedge)'. 야트막한 화분에 심어 분재 느낌을 냈다. 가장자리가 얄팍한 푸른색 화분 때문에 잎끝의 섬세한 매력이 한층 돋보인다.

'제일라니카(S. zeylanica)'는 산세베리아 중에서 특히 건조함에 강하며 내음성이 있어 튼튼하게 자란다. 물결치는 잎이 부드럽게 보이도록 분위기가 우아한 화분을 골랐다.

손잡이가 달린 꽃병 모양의 화분에 잎이 쭉쭉 뻗는 '파르바'를 심었다. 화분을 고를 때는 잎 생김새에 맞추면 식물과 잘 어울린다.

잎이 쫙 편 손바닥처럼 생겨 보기만 해도 웃음이 나는 '본셀렌시스(S. Boncellensis)'. 화분을 맞추어 심으면 마치 양손을 흔들고 있는 듯해 귀여움이 두 배가 된다.

넓적한 잎이 특징인 '산세베리아 그랜디스(S. grandis)'. 한 포기에 커다란 잎사귀가 몇 장씩 달리며 다른 산세베리아보다 부드러운 느낌을 준다. 털이 하얀 토끼를 떠올리며 둥그스름한 화분에 심었다.

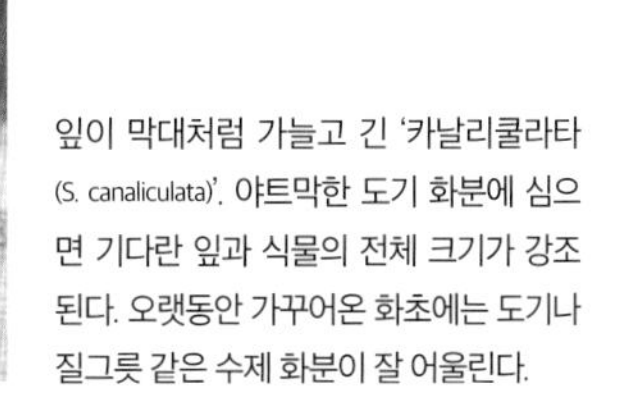

잎이 막대처럼 가늘고 긴 '카날리쿨라타(S. canaliculata)'. 야트막한 도기 화분에 심으면 기다란 잎과 식물의 전체 크기가 강조된다. 오랫동안 가꾸어온 화초에는 도기나 질그릇 같은 수제 화분이 잘 어울린다.

용설란

Agave

적도 주변의 건조 지대에 사는 다육 식물입니다. 낮 최고 기온이 50도까지 올라가도 잘 버티죠. 1천 미터쯤 되는 높은 산에 사는 몇몇 종류는 영하 25도에서 살아남기도 한답니다. 대체로 성장 속도가 느려 꽃이 피기까지 수십 년이 걸리고, 꽃이 지면 어린 포기를 남기고 서서히 시들어가는 신비한 성질이 있어요.

양쪽 다 테이블 사이즈 화초다. 위는 잎 일부가 곱슬곱슬 말리는 '아가베 레오폴디(A. leopoldii)'로, 일본에서는 '하얀 실 폭포'라고 불린다. 아래는 '뇌신용설란(A. potatorum)'이며 꽃에 '신의 꽃'이라는 별명이 있다.

기본 정보

학명	Agave		
과·속명	용설란과 용설란속		
원산지	멕시코, 미국 남서부		
빛	양지	반양지	밝은 음지
물	흠뻑	보통	살짝 건조하게

잘 키우는 법

■ 빛

▶ 사계절 내내 실내에서 가장 빛이 잘 드는 곳에 둔다. 일조량이 부족하면 연약한 잎이 나온다.

▶ 여름에 직사광선을 받아도 괜찮지만 응달에서 양달로 갑자기 옮기면 식물에 좋지 않다. 특히 무늬종은 잎이 잘 타므로 조심해야 한다.

■ 온도

▶ 품종에 따라 생육 온도가 다르지만 대부분 15~20도가 가장 좋다. 용설란은 선인장과 달리 휴면기가 없으므로 온도만 맞으면 1년 내내 자란다.

▶ 추위에 약해 겨울에 온도를 잘 관리해야 하는 품종도 있지만 바깥에서 겨울을 나는 품종도 있다.

■ 물

▶ 최저 기온이 5도 이상이라면 1달에 1번만 주고, 4도 이하라면 주지 않는다. 온도가 낮을 때 추위에 약한 품종에 물을 주면 잎이 상한다.

▶ 햇빛이 충분하고 바람이 잘 통하는 곳에 화분을 두고 살짝 건조하게 관리하면 튼튼하게 자란다. 일조량이 부족하다면 물을 적게 준다.

■ 분갈이

▶ 어린 포기가 올라오면 생육기인 5~7월에 다른 화분에 심어 번식시킬 수 있다. 비료를 주면 영양 과다로 뿌리가 상할 수 있으므로 주지 않는다.

'뇌신용설란' 대품 화초. 동심원을 그리며 땅 위에 붙어 퍼지는 로제트형 잎사귀는 화초가 클수록 존재감이 강해진다. 용설란은 대부분 잎끝에 가시가 있다.

잎사귀 가장자리를 따라 금색 줄이 난 '데스메티아나(A. desmettiana)'. 따뜻하고 부드러운 인상을 준다. 시멘트 소재의 깔끔한 화분에 심어 솟구쳐 오르는 듯한 잎 모양을 강조했다.

알로에

Aloe

통통한 잎에 가시가 뾰족하게
난 다육 식물입니다.
로제트형이나 부채형으로
퍼지는 두툼한 잎과 야생미
넘치는 줄기 덕분에 많은
사랑을 받고 있어요. '알로에
아르보레스켄스(A. arborescens)'와
'알로에 베라(A. vera)'가 가장
유명하지만, 크기며 잎 색이
다양한 종류가 유통되고 있어
취향껏 고를 수 있답니다.
더위에 강하고 내음성이 있어
살짝 건조하게 관리하면
탄탄하게 자라죠. 초보자가
기르기에도 좋은 식물이에요.

기본 정보

학명	Aloe		
과·속명	백합과 알로에속		
원산지	남아프리카, 마다가스카르섬, 아라비아반도		
빛	양지	반양지	밝은 음지
물	흠뻑	보통	살짝 건조하게

잘 키우는 법

■ 빛

▶ 1년 내내 햇빛이 잘 드는 곳에 둔다. 빛을 많이 받으면 내한성이 커지지만 한여름에는 직사광선을 피한다. 내음성도 있는 편이나 일조량을 잘 관리해야 한다.

■ 온도

▶ 여름철 무더위에 강하다. 내한 온도는 약 5도이며 물을 주지 않으면 온난한 지역에서는 밖에서도 겨울을 날 수 있다. 다만 종류에 따라 내한성 정도가 다르므로 추위나 서리로 잎이 상한다면 실내로 들이자.

■ 물

▶ 사계절 내내 건조한 듯하게 관리하며 겉흙이 완전히 마르면 듬뿍 준다.

▶ 다육 식물이지만 주변 환경에 따라 물을 많이 주어야 할 때도 있다. 잎에 주름이 생기거나 잎이 위쪽으로 서면서 가늘어지면 물이 부족하다는 표시다. 겨울에는 물을 줄이고 따스한 날을 골라 오전에 조금만 준다. 한랭지처럼 추운 곳에서는 물을 주지 않는다.

■ 분갈이

▶ 아래쪽 잎이 떨어진 채 줄기만 길쭉하게 자라면 보기에 좋지 않으므로 전체 길이를 다듬어준다. 기온이 25도 즈음일 때가 좋으며, 가장 밑에 난 잎을 기준으로 10센티미터 내려간 곳을 잘라 1주일쯤 그늘에서 건조한다. 배수성이 좋은 흙을 말린 뒤 잘라낸 부분을 꽂아 1달가량 두면 뿌리가 나온다.

▶ '알로에 아르보레스켄스'와 '알로에 베라'는 어린 포기가 금방 올라오므로 다른 화분에 옮겨 심는다. 위 설명대로 잎을 잘라서 말린 뒤에 흙에 꽂아 관리한다.

▶ 소형으로 키우려면 분갈이를 자주 하지 않는다. 뿌리가 흙에 꽉 차면 식물이 실해져 잎 모양이 더 예뻐지기도 한다.

▶ 분갈이용으로는 원래 것보다 약간 큰 화분이 좋다. 실뿌리는 다듬기만 하고, 옮겨 심은 뒤 1주일 동안은 물을 주지 않는다.

(왼쪽) 가장 큰 알로에속 가운데 하나인 '사시나무 알로에(A. dichotoma)'는 최대 10미터까지 자란다. 왼쪽 알로에는 너무 크지 않도록 관리한 덕분에 뿌리가 자리를 잘 잡았고 자라는 속도도 느리다. 오른쪽 알로에는 줄기가 굵어 보이지만 만약 꺾꽂이로 키웠다면 뿌리가 아직 자라는 중일 수 있으니 상태를 살피면서 양지바른 곳에 둔다. 왼쪽처럼 전문가가 만든 도기 화분에 심으면 분재 분위기가 나고, 오른쪽처럼 겉은 거칠지만 편안한 느낌이 나는 화분에 심으면 식물의 개성이 살아난다.

잎이 매력적인 '사시나무 알로에'는 가운데 부분에서 두툼한 잎사귀가 올라온다. 화분에 심어 키우면 줄기가 거의 하나로만 자란다.

'사시나무 알로에'는 잎이 위쪽으로 자라다가 시들면 떨어진다. 얼마쯤 지나면 줄기에 잎이 났던 자리가 사라지고 반들반들 윤이 나면서 잎사귀 색과 멋진 대조를 이룬다.

'알로에 아르보레스켄스'의 변종으로 밑동에 어린 포기가 잔뜩 올라왔다. 갓 나와 풋풋한 모습을 즐기다가 뿌리를 어느 정도 내리면 다른 화분에 옮겨 심는다.

'라모시시마(A. ramosissima)'는 사시나무 알로에와 아주 비슷하게 생겼다. 겉보기에는 닮았지만 사시나무 알로에는 키 10미터, 줄기 두께 1미터로 거대하게 자라는 데 비해 라모시시마는 어릴 때부터 포기가 갈라져 여러 개가 한꺼번에 올라온다. 식물 크기가 실내에 장식하기에 알맞아 인테리어용으로 인기가 있다.

수많은 잎이 땅에 붙어 로제트형으로 펼쳐지는 '아리스타타(Aristaloe aristata, A. aristata).' 잔털이 난 흰색 점무늬 잎들이 소담스럽게 붙어 난다. 잎이 사방으로 올라오는 로제트형 식물은 기본 포트처럼 단순한 모양의 화분과 잘 어울린다.

잎에 줄무늬가 멋지게 들어간 '알로에 아르보레스켄스'의 돌연변이종. 무늬종은 녹색 잎 품종보다 환경에 민감하지만 물을 조금씩 주면서 직사광선이 닿지 않는 밝은 실내에 두면 잘 자란다. 강한 빛을 오래 받으면 잎 색깔이 바뀌므로 주의한다.

같은 알로에여도 품종에 따라 잎사귀 색깔, 생김새, 무늬가 모두 다르다. 초소형 알로에를 여럿 모아 둘 때는 화분 소재는 통일하되 색채로 포인트를 주면 좋다. 이때 색은 알로에 잎이나 꽃 색깔과 맞추면 화분이 많아도 멋지게 어우러진다.

스트리아툴라
(A. striatula)

노빌리스
(A. nobilis)

아우구스티나
(A. descoingsii ssp. augustina)

소말리아알로에
(A. somaliensis)

롱기스틸라
(A. longistyla)

알비플로라
(A. albiflora)

에리나시아
(A. erinacea)

유쿤다
(A. jucunda)

하워르티아

Haworthia

기온 차가 큰 사막이나 바위 위에서 자라는 소형 다육 식물입니다. 다육 식물치고는 특이하게도 밝은 그늘을 좋아해요. 잎이 연한 '연엽계(軟葉系)'와 잎이 단단한 '경엽계(硬葉系)'로 나눌 수 있는데 연엽계는 반투명 잎으로 빛을 흡수하는 모습이 신비롭고, 경엽계는 잎이 뾰족하게 뻗어 세련된 느낌을 줍니다. 양쪽 다 로제트형으로 잎을 펼치며 가운데 부분에 자그마한 꽃을 피워요. 물이 부족하면 잎 폭이 좁아지고 추울 때는 잎 색깔이 흐려지는 등 변화가 뚜렷하므로 초보도 식물 상태를 살피면서 키울 수 있답니다.

연엽계 하워르티아인 '코오페리(H. cooperi)'. 잎의 반투명 부분은 '창'이라고 하며, 창에 햇빛이 들어오면 마치 유리 공예품처럼 아름답게 빛난다.

기본 정보

학명	Haworthia		
과·속명	백합과 하워르티아속		
원산지	남아프리카, 나미비아 공화국 남부		
빛	양지	반양지	밝은 음지
물	흠뻑	보통	살짝 건조하게

잘 키우는 법

■ 빛

▶ 사계절 내내 밝은 음지에 둔다. 여름에는 직사광선이 닿지 않도록 한다.

▶ 봄에서 가을까지는 밖에서 키울 수 있으나, 서리가 내리기 전에는 집 안으로 들여야 한다. 부드러운 빛을 꾸준히 받으면 꽃이 핀다.

■ 온도

▶ 15~35도가 적절하다. 추위에 약한 편이므로 기온이 영하로 떨어졌을 때 서리를 맞으면 시들어 버린다. 실외에서 키운다면 늦어도 10월 하순에는 실내로 자리를 옮긴다.

연엽계만의 투명한 잎이 돋보이도록 까만색 화분에 심었다. 화분은 깊이를 잘 살펴 식물의 키나 잎사귀 생김새와 가장 잘 어우러지는 것으로 고른다. 괭이밥 같은 들풀과 함께 키워도 사랑스럽다.

남아프리카 공화국 서남부에서 온 '레투사(H. retusa)'는 세모난 잎에 줄무늬가 있다. 연엽계지만 차분하고 깔끔한 인상을 준다.

■ 물

▶ 주마다 1~2회, 화분 바닥에서 물이 나올 때까지 흠뻑 준다. 흙이 아직 축축하면 물을 주지 않는다. 기온이 높은 여름에는 휴면에 들어가므로 평소와 같이 물을 주면 뿌리가 썩는다. 물을 주는 간격을 넓히되, 기온이 35도 가까이 올라가 잎 너비가 좁아졌을 때만 주는 것도 좋은 방법이다.

■ 분갈이

▶ 생장 속도가 빨라 순식간에 여러 포기로 늘어나므로 2년에 1번은 분갈이를 한다. 화분 밑으로 뿌리가 삐져나왔다면 포기를 나누어 심는다.

■ 기타

▶ 바람이 잘 통하지 않는 상태에서 물을 많이 주면 아래쪽 잎부터 썩는다. 그대로 두면 식물 전체가 문드러지므로 색이 변했거나 썩은 부분은 반드시 잘라낸다.

▶ 물을 너무 많이 주거나 일조량이 부족하면 잎이 웃자랄 수 있다. 뿌리가 썩지 않도록 햇빛이 잘 드는 곳으로 옮겨 관리한다.

▶ 빛이나 온도 같은 주변 환경에 따라 잎사귀 색이 변하므로 잎 색깔을 관찰하면서 알맞은 자리를 찾아 준다.

▶ 다른 식물보다는 해충이 덜 생기는 편이다.

양쪽 다 경엽계 품종이다. 왼쪽은 '주니노쓰메(H. Jyuninotsume)'이며, 잎이 매 발톱처럼 안으로 살짝 굽어 자란다. 오른쪽은 '십이지권(H. fasciata)'으로 잎이 옆으로 곧게 뻗는다.

페페로미아

Peperomia

열대부터 아열대 지방에 널리 분포하는 다육 식물로 약 1천 종이 산다고 합니다. 직립성, 덩굴성 등으로 나뉘고 다른 나무에 붙어 착생하는 종류도 있어요. 여러 품종이 유통되고 있으며 잎 색이며 모양도 각각 다릅니다. 꽃은 가늘고 긴 꽃대 위에 이삭 모양으로 피어요. 부드러운 햇살을 좋아하니 직사광선은 피해야 해요. 환경만 맞으면 쑥쑥 잘 자라고 관리가 까다롭지 않아 초보도 얼마든지 키울 수 있답니다. 잎사귀 생김새와 무늬가 독특해서 실내 장식에 포인트를 주기에도 좋아요.

여러 품종이 옹기종기 모여 있어서 마치 작은 꽃밭을 보는 듯하다. 종류는 다르지만 키우는 방법은 거의 비슷하므로 간편하게 다채로움을 즐길 수 있다.

기본 정보

학명	Peperomia		
과·속명	후추과 페페로미아속		
원산지	전 세계 열대~아열대		
빛	양지	반양지	밝은 음지
물	흠뻑	보통	살짝 건조하게

잘 키우는 법

■ 빛

▶ 부드러운 빛을 좋아하므로 1년 내내 밝은 음지에서 키운다. 그늘이 너무 어두우면 줄기가 웃자라면서 연약해지고 잎에 윤기가 없어지므로 조심해야 한다.

▶ 여름에 강한 햇빛을 받으면 잎이 타면서 까맣게 변색하거나 잎 전체가 말릴 수도 있다.

■ 온도

▶ 무더위에 약하므로 여름에는 환기가 잘 되고 바람이 통하는 곳에 둔다.

▶ 바깥에서 키울 때는 밤 기온이 10도 아래로 떨어지면 집 안으로 들인다.

■ 물

▶ 흙 표면이 마르면 듬뿍 주면서 살짝 건조하게 키운다. 다육 식물은 잎과 줄기에 수분을 모을 수 있어 과습에 약하므로, 특히 그늘에 두었다면 물을 많이 주지 않아야 한다.

▶ 여름에는 장마 등으로 고온다습하므로 물을 조금만 준다. 배수성이 좋은 적옥토에 심으면 식물이 잘 무르지 않는다.

대중적인 '옵투시폴리아(P. obtusifolia)'는 직립성이며 성장 속도가 빠르다. 크게 키운 뒤 안정감을 주는 석재 화분에 심어 곧추선 줄기를 강조했다.

양쪽 다 덩굴성 품종으로, 앞쪽은 '앙굴라타(P. angulata)', 뒤쪽은 '세르펜스(P. serpens)'다. 고풍스러운 화분에 심어 탁자에 장식했다.

통통하면서 살짝 접은 듯한 잎사귀가 독특한 '니발리스(P. nivalis)'. 잎의 싱그러운 매력이 돋보이도록 잎사귀 색깔과 잘 어울리는 목재 화기에 심었다.

'카페라타'라는 학명으로 잘 알려진 소형 품종 '주름 페페로미아(P. caperata)'. 이름대로 잎 표면에 주름이 있으며 잎들이 로제트형으로 펼쳐진다. 자생지에 돋아난 모습을 상상하며 목재 화기에 심으니 자연 속 식물을 그대로 옮겨둔 것처럼 보인다.

둥근 화분은 페페로미아와 멋지게 어울린다. 식물과 화분의 상성을 고려하면서 퍼즐을 맞추듯 배치해보자.
왼쪽부터 줄무늬 페페로미아(P. puteolata), 테트라필라(P. tetraphylla), 페레스키폴리아(P. pereskiifolia), 그린 밸리(Peperomia Green Valley).

잎 크기와 색깔을 살피면서 균형 있게 화분을 두면 페페로미아가 다른 식물처럼 보이는 마법이 펼쳐진다.
왼쪽부터 덴드로필라(P. dendrophylla), 홍테페페로미아 주얼리(P. clusiifolia Jewelry), 해피 빈(P. Happy Bean), 앙굴라타(P. angulata).

유포르비아

Euphorbia

열대부터 온대 지방까지 폭넓게 분포하며 한해살이풀, 여러해살이풀, 다육 식물, 키가 작고 줄기를 많이 치는 떨기나무 등 종류가 아주 다양합니다. 그중 실내용으로 인기가 있는 것은 다육 식물입니다. 뾰족한 가시가 난 품종이 많으며 줄기나 잎을 자르면 하얀 액체가 나오는 점이 특징이죠. 날카로운 가시와 독성이 있는 나무즙은 덥고 건조한 환경에서 살아남고 초식 동물에게서 몸을 지키기 위한 수단이랍니다. 햇빛이 잘 드는 곳에 두고 흙을 살짝 건조하게 관리해주세요.

기본 정보

학명	Euphorbia		
과 · 속명	대극과 대극속		
원산지	남아프리카, 전 세계 열대~온대		
빛	양지	반양지	밝은 음지
물	흠뻑	보통	살짝 건조하게

잘 키우는 법

■ 빛

▶ 밝은 곳을 좋아한다. 반그늘에서도 자라지만 예쁜 꽃을 보려면 빛을 되도록 많이 받게 한다.

■ 온도

▶ 추위에 약하므로 겨울에는 실내에서 키운다. 잎이 나는 품종은 기온이 내려가면 잎사귀를 떨구고 휴면에 들어간다. 휴면기를 보내는 품종이 그렇지 않은 쪽보다 추위에 강하다고 한다.

■ 물

▶ 봄철에는 키가 자라므로 물을 듬뿍 주어도 되지만 여름에는 살짝 건조하게 관리한다. 봄과 가을에는 5~10일에 1번, 여름에는 10~20일에 1번 물을 주며 화분 바닥으로 나올 때까지 흠뻑 적시듯 준다.

▶ 기온이 높을 때 비료나 물을 많이 주면 약해지는 종류가 많으므로 흙에서 물이 잘 빠지게 한다.

▶ 추울 때 물을 주면 식물에 한기가 들므로 겨울에는 따뜻한 날을 골라 20~30일에 1번 준다. 이때 다육질 부분을 만져 차갑지 않은지 확인한다. 밖에서 키우거나 잎이 떨어졌을 때는 물을 주지 않는다.

■ 기타

▶ 점 모양의 생장점이 돌연변이를 일으켜 리본이나 띠 모양으로 단단해지는 것을 '철화(綴化)', 생장점이 여기저기에 생겨 혹처럼 자라나는 것을 '석화(石化)'라고 한다. 유포르비아를 비롯한 다육 식물이나 선인장에서 볼 수 있으며, 철화나 석화가 생긴 식물은 특이한 매력이 있어 인기가 있다.

초소형 유포르비아를 시멘트 화분에 모아 심었다. 사진 속 '온코클라다'는 철화가 나타난 상태다.

'화이트 고스트(E. lactea White Ghost)'는 락테아(E. lactea)의 흰색 무늬종이다. 하얀 액체를 온몸에 펴 바른 듯한 신비로운 모습으로 인기가 있다. 화분 색상은 식물이 더욱 하얗게 보이도록 회색으로 골랐다. 평소에는 빛이 부드럽게 닿는 곳에 두고 여름에는 직사광선을 피한다. 물을 많이 주면 좋지 않다.

'청산호' 또는 '밀크 부시(Milk bush)'라고 불리는 '티루칼리(E. tirucalli)'는 대중적인 유포르비아 품종이다. 내음성이 있으며 식물 조명 아래에서도 자랄 만큼 튼튼하다. 자생지에서는 키가 수 미터쯤 되는 큰 나무로 자란다고 한다. 생육기에는 가지가 자라면서 여러 갈래로 나뉘고 끝부분에 작은 잎이 달린다.

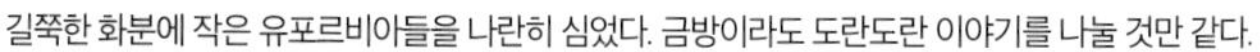

길쭉한 화분에 작은 유포르비아들을 나란히 심었다. 금방이라도 도란도란 이야기를 나눌 것만 같다.

여러 가지 괴근 식물

'코덱스(Caudex)'라고도 불리는 괴근 식물은 뿌리와 줄기가 나무처럼 단단하게 목질화한 다육 식물의 일종입니다. 크고 뚱뚱한 뿌리와 줄기는 건조한 곳에서 살아남기 위해 수분을 모으는 역할을 합니다. 평소에는 햇빛이 잘 드는 곳에 두며 겨울철 추위를 특히 조심해야 하죠. 봄부터 가을까지는 흙이 완전히 마르면 물을 주고 겨울에는 1달에 1번 정도만 주세요. 대부분 느릿느릿 자라고 조형 작품 같은 매력도 있어서 보면 볼수록 마음이 끌리는 식물이랍니다.

파키포디움 그라킬리우스

학명 Pachypodium rosulatum spp. gracilius

과·속명 배추과 파키포디움속

원산지 아프리카, 마다가스카르 빛 양지 물 살짝 건조하게

국내에서는 '그락실리우스'라고 불린다. 둥그스름한 괴근에서 손발이 뻗어 나온 듯한 모습이 친근하다. 추우면 잎이 떨어지기도 하지만 봄부터 여름 사이에 다시 나온다. 잎이 한 장도 없을 때는 휴면 중이므로 물을 주지 않는다.

유포르비아 실린드리폴리아

학명 Euphorbia cylindrifolia

과·속명 대극과 대극속

원산지 마다가스카르 빛 양지 물 살짝 건조하게

볼록한 괴근에서 가지가 사방으로 올라와 다양한 수형을 만든다. 흰 바탕의 은빛 줄기와 녹색 잎이 멋진 대조를 이루고 바닥을 기듯 뻗는 가지가 인상적이다. 봄에는 수수하지만 귀여운 베이지색 꽃이 핀다.

게라르단투스 마크로리주스

학명 Gerrardanthus macrorhizus

과·속명 박과 게라르단투스속

원산지 동~남아프리카 빛 양지 물 살짝 건조하게

둥글둥글한 연녹색 괴근 식물로, 덩굴줄기에 무늬가 있고 보드라운 잎이 달린다. 아프리카 사막 속 오아시스처럼 보이기도 한다. 화분은 장식이 없고 깔끔한 것으로 골랐다.

포케아 에둘리스

학명 Fockea edulis

과·속명 협죽도과 포케아속

원산지 남아프리카 빛 양지 물 살짝 건조하게

'화성인'이라는 별명이 있다. 건조한 초원이나 바위가 많은 곳에서 살며 자생지에서는 식용으로 쓰인다. 괴근 머리꼭지에서 덩굴줄기가 나오므로 그대로 기르거나 취향에 맞게 잘라서 꾸밀 수 있다.

키가 크므로 가지가 여러 갈래로 퍼지도록 다듬어준다. 쭉 뻗은 본줄기 위에 가지가 우거지면 자생지에 사는 나무처럼 보인다.

울록불록한 밑동과 자연미가 느껴지는 수형에서 평소 부지런히 다듬고 관리한 흔적이 엿보인다.

브라키키톤 루페스트리스

학명 Brachychiton rupestris

과·속명 벽오동과 브라키키톤속

원산지 호주 **빛** 양지 **물** 살짝 건조하게

'병나무(Bottle tree)'라는 이름으로도 불린다. 햇빛이 잘 드는 곳을 좋아한다. 일조량이 부족하면 성장을 멈추고 힘이 없어지며 해충이 생기기 쉽다. 줄기에 수분을 저장할 수 있으므로 평소에는 흙이 말랐는지 살핀 뒤 물을 흠뻑 주며, 겨울에는 흙이 마르고 3~4일 뒤에 준다. 건조한 듯하게 관리하는 편이 좋다.

신닝기아

학명 Sinningia

과·속명 게스네리아과 크록시니아속

원산지 브라질, 라틴아메리카 빛 양지 물 살짝 건조하게

'절벽의 여왕'이라는 별명이 있다. 벨벳처럼 보드라운 잎이 나고 노란빛을 띤 분홍색 꽃이 핀다. 꽃 색깔에 맞추어 연분홍빛의 귀엽게 생긴 화분에 심었다. 기후가 고온다습한 지역에 자생하며, 절벽이나 바위 근처 저지대처럼 물이 잘 빠지는 곳에 산다. 햇빛이 잘 드는 곳에 두면서 봄부터 가을까지는 물을 흠뻑 주고 겨울에는 주지 않는다. 쉽게 무르므로 괴근이 물에 잠기지 않도록 주의한다.

잎 색깔과 무늬가 독특한 식물

흔히 잎사귀의 생김새와 색감을 즐기는 식물을 '관엽 식물'이라고 합니다. 하지만 자연에는 관엽 식물 말고도 잎의 색이나 무늬가 아름다운 식물이 아주 많답니다. 여기서는 잎을 볼 때마다 매력이 더해지는 식물을 몇 가지 소개합니다. 자연이 빚어낸 신비로움을 마음껏 감상해보세요.

칼라테아 마코이아나

학명 Calathea makoyana **과·속명** 마란타과 칼라테아속
원산지 열대 아메리카 **빛** 반양지 **물** 보통

대부분 잎에 이국적인 무늬가 있다. 잎사귀처럼 생긴 무늬 모양이 독특하고, 잎 앞면은 초록색이고 뒷면은 빨간색이라 색이 확연히 구분되는 점도 재미있다. 강한 빛을 받으면 잎이 상하므로 직사광선이 닿지 않는 밝은 실내에 두며 추위에 약하므로 겨울에는 온도와 습도를 맞추어준다. 밤에는 잎이 똑바로 서면서 수면 운동을 한다. 새싹은 투명감이 있어 무척 아름답다.

크로톤

학명 Codiaeum variegatum **과·속명** 대극과 코디애움속
원산지 말레이반도, 서태평양 제도~파푸아뉴기니
빛 양지 **물** 보통

키가 작은 떨기나무로 알록달록하고 길쭉한 잎이 매력이다. 품종에 따라 잎 색이 빨강·노랑·초록·혼합 등으로 다양하며 무늬도 여러 가지다. 양지바른 곳을 좋아하며 빛을 충분히 받으면 잎사귀 색이 진하고 선명하게 바뀐다. 추위에 약하므로 겨울에는 집안에서 키우며 온도는 10도 이상으로 관리한다.

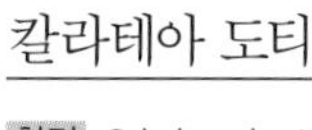

칼라테아 도티

학명 Calathea dottie **과·속명** 마란타과 칼라테아속
원산지 열대 아메리카 **빛** 반양지 **물** 보통

쉽게 볼 수 없는 품종이다. 까만 바탕에 분홍색 줄이 선명하게 들어간 잎이 매우 아름답다. 잎 뒷면은 자줏빛을 띤 붉은색이다. 키우는 법은 칼라테아 마코이아나(p142)와 같다.

[왼쪽]

브리에세아 히에로글리피카

학명 Vriesea hieroglyphica
과·속명 파인애플과 브리에세아속
원산지 브라질 **빛** 반양지 **물** 보통

자생지에서 키 1미터까지 자라는 대형 식물이다. 오래 키우면 꽃줄기가 나오면서 연한 노란색 꽃이 핀다. 추위에 약하므로 겨울에는 햇빛이 잘 드는 실내에 두고 여름철 직사광선은 닿지 않게 한다. 잎의 가로줄 무늬와 어울리는 세로줄 장식 화분에 심으면 잎사귀 색깔이 한층 또렷하게 보인다.

보통 식물과는 다른 방법으로 물을 주어야 한다. 화분 흙은 물론, 원통처럼 생긴 잎 사이에도 물을 뿌린다. 기온이 낮을 때는 식물이 차가워지므로 흙에만 물을 준다.

아글라오네마 콤무타툼 '트레우비'

학명 Aglaonema commutatum 'Treubii'
과·속명 천남성과 아글라오네마속
원산지 열대 아시아 빛 반양지 물 살짝 건조하게

직립성, 포복성, 덩굴성 등 종류가 다양하며 무늬도 여러 가지다. 직사광선이 닿지 않는 밝은 곳과 고온다습한 환경을 좋아한다. 내음성이 있는 편이지만 그늘에만 두면 해충이 생길 수 있으므로 일조량을 조절하기 좋은 자리에 둔다. 물은 겉흙이 마르면 흠뻑 주어도 되지만 양이 너무 많으면 웃자랄 수 있다.

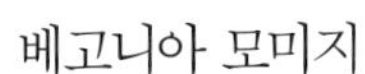

베고니아 모미지

학명 Begonia 'Momiji' 과·속명 베고니아과 베고니아속
원산지 전 세계 열대~아열대 빛 밝은 음지 물 살짝 건조하게

베고니아의 수많은 교배종 가운데 하나다. 잎은 활짝 편 손바닥처럼 생겼고 불그스레하면서 탁한 초록빛을 띤다. 잎과 줄기 전체에 흰 솜털이 엷게 돋아 있으며 귀엽게 생긴 꽃이 핀다. 물은 흙이 마르면 흠뻑 주되, 통풍이 잘 안 되거나 물을 많이 주면 줄기가 무를 수 있으므로 물을 준 뒤에는 반드시 바람이 잘 통하는 곳에 둔다. 직사광선을 피하고 밝은 그늘에서 관리하면 잎사귀 색깔을 예쁘게 유지할 수 있다.

알로카시아 아마조니카

학명 Alocasia Amazonica 과·속명 천남성과 알로카시아속
원산지 열대 아시아 빛 밝은 음지 물 살짝 건조하게

알로카시아의 원예 품종으로 유통량이 많다. 반들반들 빛나는 녹색 잎에 은백색 잎맥이 나 있어서 초록빛 식물 사이에 두면 단연 돋보인다. 과습에 주의하면서 직사광선이 닿지 않는 곳에서 키운다. 겨울에는 반드시 따뜻한 집 안에 두어야 한다.

피토니아 베르스카펠티

학명 Fittonia verschaffeltii

과·속명 쥐꼬리망초과 피토니아속

원산지 남아메리카, 페루

빛 반양지 **물** 보통

잎 무늬가 신경계 그물처럼 생겨서 'Nerve Plant'라고 불린다. 생육기에는 잎이 금세 무성해지므로 통풍에 신경을 써야 한다. 잎이 다닥다닥 붙어 나더라도 꾸준히 새순을 따내면 곁눈이 잔뜩 나오면서 전체적으로 풍성하게 가꿀 수 있다. 사계절 내내 직사광선을 피해야 하지만 일조량이 부족하면 잎이 연약하게 난다. 추위에 약하므로 겨울에는 따뜻한 실내에서 키운다.

Index

찾아보기

이 책에서 소개한 식물을 '빛과 물을 좋아하는 정도'에 따라 나누어 두었습니다. 새로운 식물을 들일 때 참고하기 바랍니다.

* 142~145쪽에 나온 '잎 색깔과 무늬가 독특한 식물'은 들어 있지 않으니 해당 쪽에 나온 정보를 확인해주세요.

빛을 좋아하는 정도

햇빛을 아주 좋아하는 식물

가을부터 봄까지는 햇빛을 잘 받게 해야 하지만 여름철 직사광선은 지나치게 세므로 식물 상태를 보면서 적당히 가려준다.

부드러운 빛을 좋아하는 식물

직사광선을 받으면 잎이 타므로 얇은 커튼 너머로 빛이 들어오는 밝은 장소(반양지)에 둔다.

반그늘을 좋아하는 식물

창가에서 약간 떨어져 있고 너무 어둡지 않은 그늘에 둔다. 햇빛이 너무 들지 않으면 잘 크지 못하므로 식물 상태를 보면서 빛을 받게 한다.

물을 좋아하는 정도

물을 아주 좋아하는 식물

생육기에는 특히 물을 충분히 주어야 한다. 잎에도 물을 뿌려 준다. 겉흙이 말랐을 때 물을 주어야 하지만 너무 건조하게 관리하면 수분이 부족해질 수도 있다.

흙이 마르면 흠뻑 주어야 하는 식물

평소에는 겉흙이 마르면 물을 듬뿍 준다. 겨울에는 흙이 잘 마르지 않고 천천히 성장하므로 물을 주는 간격을 조절한다.

살짝 건조하게 관리해야 하는 식물

공기 중 습도가 높은 곳을 좋아하는 식물이거나, 잎과 줄기에 물을 얼마간 모아두는 식물이다. 물을 많이 주면 뿌리가 썩을 수 있으니 조심하자.

늘 건조하게 관리해야 하는 식물

건조한 지역에서 사는 식물로 잎, 뿌리, 줄기에 물을 저장할 수 있다.

쉽게 가꾸어 오랫동안 즐기는
이끼 테라리움

오노 요시히로 지음 | 김성현 옮김 | 142쪽 | 올컬러
값 18,000원 | 979-11-6862-018-6 (13520)

관리하기 쉬운 이끼 고르는 법
그리고 잘 키우는 법

이 책에서는 이끼를 쉽고 간단하게 키우는 비결을 소개한다. 이끼는 어디에서나 자라기 때문에 재배하기 쉽다고 생각하지만, 예쁘게 오랫동안 키우기가 의외로 쉽지 않다. 이끼가 지닌 성질을 잘 알지 못하고, 종류와 관계없이 같은 방법으로 키우기 때문이다. 반대로 용토나 식재법, 재배법을 너무 어렵게 생각하면 오히려 더 키우기 힘들어진다. 하지만 조금만 신경 쓰면 간단한 방법으로도 오랫동안 이끼를 즐길 수 있다. 자신만의 작은 숲을 만들어서 오랫동안 즐기기를 바란다.

플라워 스쿨

캘버트 크레리 지음 | 강예진 옮김 | 220쪽 | 올컬러
값 25,000원 | 979-11-91307-77-1 (13630)

초보자들도 쉽게 따라할 수 있는
마스터 플로리스트들의 비법과 요령들

플라워 스쿨은 플라워 디자인과 플라워 아트 분야에서 세계 최고로 손꼽히는 교육 기관이다. 이 책은 플라워 스쿨의 이사인 캘버트 크레리가 처음으로 출간한 꽃꽂이 기초에 관한 종합 실전 지침서로, 꽃을 손질하는 법을 비롯해 올바른 색과 질감을 고르는 법, 꽃꽂이의 아름다움을 최대한 끌어올려주는 꽃병을 선택하는 법 등 폭넓은 주제를 단계별로 차근차근 알려준다. 눈길을 사로잡는 사진과 함께 플라워 스쿨의 마스터 플로리스트들이 알려주는 비법과 요령을 가득 담았다. 집에서 혼자 꽃꽂이하는 초보자도 인스타그램에 올릴 아름다운 작품을 만들 수 있을 것이다.